バイオ研究で
絶対役立つ

プレゼン
テーションの
基本

大隅典子（東北大学大学院
医学系研究科 教授）著

羊土社

■Macintosh およびそのシリーズは Apple Computer 社の登録商標です．
■Windows およびそのシリーズは Microsoft 社の登録商標です．
■その他，本書掲載のシステム，製品名，ソフトウェア名等は各社，各組織の登録商標です．

[プレゼンテーションアイテム作成における引用につきまして]
引用の要件〔①報道，批判，研究のためという目的の存在，②主従性，③明瞭区分性，④必要性・必然性（著作権法32条），⑤出所明示（著作権法48条）〕を充足している場合に限り，著者および出版社の了解をとらずに引用することが認められております．しかし，著作物性のある図表や写真に改変を加えるのは（引用して説明を付すのではなく，素材自体に手を加える場合），著作者人格権（同一性保持権）の侵害にあたりますので，ご注意ください．また，日本法と外国法が相違する場合もありますので，引用および転載時には，常に細心の注意を払われますようお願いいたします．（2004年2月 編集部）

はじめに

　生命科学の研究分野におけるプレゼンテーションの重要性はますます高まっています．研究は，実験等を行うラボの中や科学雑誌やウェブサイトやコンピュータの中だけにあるのではありません．いかに重要な発見をしたとしても，それが埋もれてしまっては何にもならず，社会に向けて発信することも重要です．したがって，論文発表と並んで，人前で行うプレゼンテーションは生命科学者の活動の中で重要な位置を占めることになります．研究の世界に実際に足を踏み入れた方たちは，研究者にとってプレゼンテーションを行う機会は意外に多いことに気づくでしょう．研究の世界に入ってきた学生がおそらく最初に経験する「論文紹介」から，ベテランの研究者の晴れ舞台ともいえる大きな学会の「基調講演」まで，プレゼンテーションにはさまざまなものがあります．学会発表やセミナーなどの機会において，自分の研究を他人にわかってもらうことは研究者にとって大きな喜びであるだけでなく，他人から違ったものの見方を教わるチャンスにもなります．またプレゼンテーションは自分自身が評価される場であり，場合によっては自分を売り込むための大切な舞台でもあります．では，どのようなプレゼンテーションを心がければよいのでしょう？

　本書はいわゆる「マニュアル」ではありません．生命科学系の研究を行っているビギナー，すなわち学部学生，大学院生，若手博士研究員を対象として，プレゼンテーションのキーポイントについて指南することを目的として書かれています．細かいことよりも，どうすればわかりやすく印象的なプレゼンテーションになるのかということの重要な点を理解していただきたいのです．ただし，実は随所に織り込まれている memo については，すでにプレゼンテーションに慣れている研究者にとっても「お役立ち」のワザやヒントがあるかもしれません．もっとインパクトのあるプレゼンテーションをめざすため，あるいはデジタルプレゼンテーションのトラブル解消法を知るためにも，ぜひ本書を読んでみてください！

バイオ研究で絶対役立つ プレゼンテーションの基本

はじめに

第1章　プレゼンテーションがなぜ重要なのか

❶ 生命科学分野におけるプレゼンテーションの種類 ……… 10
　論文紹介 ……………………………………………………… 10
　　● 論文紹介の意義／11
　プログレス発表 ……………………………………………… 11
　ポスター発表 vs 口頭発表 ………………………………… 11
　　● ポスター発表／12　● 口頭発表／12

❷ プレゼンテーションアイテムの種類と重要性 ………… 14
　ハンドアウト ………………………………………………… 14
　OHPシート …………………………………………………… 14
　プレゼンテーションファイル ……………………………… 16
　スライド ……………………………………………………… 17
　ホワイトボード ……………………………………………… 18

❸ プレゼンテーション vs 論文発表 ……………………… 19

❹ よいプレゼンテーションとは？ ………………………… 20
　　● よいプレゼンテーション10カ条／20

第2章　＜基本編その1＞プレゼンテーションアイテムの作成

❶ 構想－めざすはダイアモンド型！ ……………………… 22
❷ プレゼンテーションファイル作成の流れ ……………… 23

PowerPointによる作成の流れ ・・・・・・・・・・・・・・・・・・・・・・・・・・ 23
　　　スライドの「デザイン」 ・・・・・・・・・・・・・・・・・・・・・・・・・・・・・・・・ 24
　　　スライドの「レイアウト」 ・・・・・・・・・・・・・・・・・・・・・・・・・・・・・・・・ 25
❸ **テキストの挿入** 　　　　　　　　　　　　　　　　　　　　　26
　　　文字に関する重要ポイント！ ・・・・・・・・・・・・・・・・・・・・・・・・・・・ 28
❹ **図形の描画** 　　　　　　　　　　　　　　　　　　　　　　　29
❺ **画像や模式図の挿入** 　　　　　　　　　　　　　　　　　　31
　　　Photoshopファイルからのコンバート法 ・・・・・・・・・・・・・・・・ 31
　　　Illustratorファイルからのコンバート法 ・・・・・・・・・・・・・・・・・ 34
　　　Excelファイルからのコンバート法 ・・・・・・・・・・・・・・・・・・・・・ 36
　　　　　● グラフ／36　　● 表／37
　　　Acrobat Readerからのコンバート法 ・・・・・・・・・・・・・・・・・・・ 38
　　　ウェブサイトからのコンバート法 ・・・・・・・・・・・・・・・・・・・・・・・ 39
❻ **スライドの追加，コピー，削除，順番の変更，他のファイルからの挿入**　40
❼ **アニメーション** 　　　　　　　　　　　　　　　　　　　　　42
❽ **わかりやすいスライド作成の原則** 　　　　　　　　　　　　43
　　　1ポイント／1スライドの原則 ・・・・・・・・・・・・・・・・・・・・・・・・・・ 43
　　　ビジュアル化の原則 ・・・・・・・・・・・・・・・・・・・・・・・・・・・・・・・・・ 44
　　　統一性の原則 ・・・・・・・・・・・・・・・・・・・・・・・・・・・・・・・・・・・・・・ 45
　　　背景色の選び方のポイント！ ・・・・・・・・・・・・・・・・・・・・・・・・・・ 46
　　　適切なスライドの枚数 ・・・・・・・・・・・・・・・・・・・・・・・・・・・・・・・ 47

第3章　＜基本編その2＞ リハーサルと本番

❶ **プレゼンテーション態度のキーポイント** 　　　　　　　　　50
　　　プレゼンテーションアイテム≠発表 ・・・・・・・・・・・・・・・・・・・・・ 50
　　　よいプレゼンテーションのポイント ・・・・・・・・・・・・・・・・・・・・・ 50
　　　　　● よいプレゼンテーション10カ条／50
　　　聴衆をみて話す ・・・・・・・・・・・・・・・・・・・・・・・・・・・・・・・・・・・・・ 51
　　　適切な言葉を選ぶ ・・・・・・・・・・・・・・・・・・・・・・・・・・・・・・・・・・ 52
　　　落ち着いて発表する ・・・・・・・・・・・・・・・・・・・・・・・・・・・・・・・・・ 53
　　　謙虚である ・・ 54
　　　ユーモアがある ・・・・・・・・・・・・・・・・・・・・・・・・・・・・・・・・・・・・・ 54
❷ **リハーサルは必須** 　　　　　　　　　　　　　　　　　　　　56
　　　早めに準備する ・・・・・・・・・・・・・・・・・・・・・・・・・・・・・・・・・・・・・ 56

　　　　本番に近いスタイルで行う ……………………………………………… 56
　　　　他人の前で行う ……………………………………………………………… 56
　　　　1人の場合はイメージトレーニングする …………………………… 56
　　　　発表時間が短いほど練習が必要 ……………………………………… 57
　　　　　● リハーサルのポイント／57

❸ 重要な質疑応答　58
　　　　質問の内容を正確に理解する ………………………………………… 58
　　　　「Yes/No question」vs「What/How question」………………… 58
　　　　簡潔に答える ……………………………………………………………… 59
　　　　恐怖の無言時間 …………………………………………………………… 59
　　　　質疑応答のメモを残そう ……………………………………………… 60

❹ デジタルプレゼンテーションに慣れておこう　61
　　　　外部ディスプレイ装置との接続 ……………………………………… 61
　　　　操作はスムーズに！ ……………………………………………………… 62

第4章　<実践編> 目的別のプレゼンテーション

❶ 論文紹介　64
　　　　紹介する論文を読む …………………………………………………… 64
　　　　　● どの論文を選ぶか？／64　● 論文の構成／64　● 背景の理解／65
　　　　　● 材料・方法の理解／65　● 結果の理解／65　● 考察の理解／66
　　　　論文紹介プレゼンテーションの準備 ………………………………… 67
　　　　　● ハンドアウトの作成／67　● OHPシートの作成／69
　　　　　● デジタルプレゼンテーションの準備／70
　　　　発表の準備 ………………………………………………………………… 70
　　　　質問対策 …………………………………………………………………… 71

❷ プログレス発表　73
　　　　データアイテムの準備 …………………………………………………… 73
　　　　プログレス発表のプレゼンテーションアイテムの構成 ………… 74
　　　　　● 前回までのプログレスのまとめ／74　● 材料・方法・結果／74
　　　　　● 結果のまとめ・考察・今後の方針／75

❸ 学会での口頭発表　76
　　　　口頭発表の構成 …………………………………………………………… 76
　　　　口頭発表のプレゼンテーションアイテムの構成 ………………… 78
　　　　　● 導　入／78　● 結　果／78　● 考察〜結論／79
　　　　口頭発表で気を付けるポイント ……………………………………… 81
　　　　　● データの準備での注意点／81　● 発表には臨機応変さも大切！／82

❹ 学会でのポスター発表　　84
ポスターの準備　　84
ポスター発表で気を付けるポイント　　86
- ポイントを絞った発表にする／86　　● 配付資料があると効果的／86

❺ 学会でのワークショップ・シンポジウム　　87
ワークショップ・シンポジウムのプレゼンテーションアイテムの構成　　87
- 最初に座長やオーガナイザーに対する謝辞を述べる／87
- 口頭発表より持ち時間は長目である／87
- 最後に研究室のメンバーや共同研究者などに謝辞を述べる／88

ワークショップ・シンポジウム発表で気を付けるポイント　　90

❻ セミナー　　91
セミナーでのプレゼンテーションアイテムの構成　　91
セミナーでのプレゼンテーションアイテムのキーポイント　　92

第5章 ＜応用編＞さらにプレゼンテーションが上手になるために

❶ 国際学会での発表　　96
国際学会でのポスター発表　　96
国際学会での口頭発表　　98
英語でのプレゼンテーションで注意すべきポイント　　99

❷ 講義などを任されたら　　101
講義で注意すべきポイント　　101

❸ ジョブトーク　　104
ジョブトークで注意すべきポイント　　104
質問の準備は万全に！　　105

❹ 他人の発表から学ぼう　　106

❺ 裏技集　　107
PowerPointのリハーサル機能を利用した練習　　107
スライドの一部を非表示にしておく　　108
重たいファイルをスリム化する　　109

付録

❶ プレゼンテーション用語集　　112
❷ 質疑応答用語集　　114
❸ 参考書　　115

おわりに －すこし長めのあとがき－　　117
INDEX　　120

memo contents

ハンドアウトの基本	14	和訳はしない！	66
OHPシートの活用	15	図表の大きさ	69
テキストは階層的に！	27	準備はお早めに！	71
解像度はどうする？	33	キーポイント！構成はダイアモンド型	80
余白は大事！	35	MacintoshとWindowsの互換性	82
スライドからのコンバート法	39	適度なファイルの大きさに！	83
発表原稿書く？ vs 書かない？	53	写真がみえないトラブルについて	93
あがらないコツ	54	英語のピッチは4段階	100
ポインターの効果的な使い方	55	効果的なハンドアウト	102
疑問型で答えるのはやめよう	58		
よい質問をするには？	60		

役立つワザやヒントが満載です！

ほっと一息CONTENTS

そろそろデジプレにしませんか？	17
歴史的なチョークボードセッション	18
どうして固まるの！？	38
色覚バリアフリーに関する考慮	47
落ち着いてみせるには？	55
レビューアー（査読者）になったつもりで	71
かたまりやすいアジア人？	94
Thank you, Mr. Chairman. はご用心！	99
「国際感覚」ということ・その1	106
「国際感覚」ということ・その2	110

第1章
プレゼンテーションがなぜ重要なのか

本書は「わかりやすいプレゼンテーション」をするためのキーポイントをお教えすることを目的としています．本章ではまず生命科学分野におけるプレゼンテーションの種類について，その特徴を説明しましょう．

❶ 生命科学分野におけるプレゼンテーションの種類

　生命科学分野におけるプレゼンテーションの神髄は，あなたが発見したことを他の人に伝えることです．学問分野がより細分化され，それぞれが深く掘り下げられている現在では，自分の見出したことは必ずしも他人にとって自明ではありません．あなたの発見をより「わかりやすく」伝える必要性が高まっています．

　あなたが得た新しい発見は，まず研究室の中に還元されなければなりません．やがてそのような発見がいくつか貯まってまとまったならば，それは研究室の外に向けて発信するべきときが来たことになります．通常はまず専門分野の学会に発表することになるでしょう．最近はビギナーの登竜門としてまずポスター発表から経験するのが一般的です．もちろん口頭発表の一般演題に発表する場合もあります．成果が画期的な場合は，ワークショップに取り上げられることにもなるかもしれません．そうなれば，かなりプレステージアスなことです．

　しかし，実は研究室に入ってすぐに発表できる結果が得られることは，めったにありません．ただしその日が来るまで何もプレゼンテーションできないかというと，そうではありません．あなたはまず発表のトレーニングを受けることになります．そのためのコースが「論文紹介」や「プログレス発表」なのです．生命科学系の学部では「ゼミ」や「演習」と称される単位において「論文紹介」を学ぶこともあるでしょうが，本格的なトレーニングは研究室に配属されてからになります．それでは，あなたがこれから経験していくであろうプレゼンテーションの種類とそれらの特徴を紹介しましょう．

論文紹介

　どの研究室でも最新の英語論文を読み，研究室のメンバーに紹介する機会があるでしょう．これはジャーナルクラブあるいは雑誌会，抄読会などと呼ばれています．論文紹介を行うことには，研究のビギナーにとって①専門用語を知る，②研究の進め方を学ぶ，③サイエンスに必須な批判精神を身につける，④プレゼンテーションのスタイルを学ぶ，⑤論文の書き方を学ぶ，⑥サイエンスの議論の仕方を学ぶ，⑦最新の情報を研究室メンバーと共有する，といった意義があります．

　つまり，論文紹介は研究者への道の第一歩としてとても重要なのです．そして，シニアなメンバーのように，論文紹介がもっぱら「最新情報の共有」の目的でなされるようになれば一人前といえるでしょう．

第1章　プレゼンテーションがなぜ重要なのか

● 論文紹介の意義

❶ 専門用語を知る
❷ 研究の進め方を学ぶ
❸ サイエンスに必須な批判精神を身につける
❹ プレゼンテーションのスタイルを学ぶ
❺ 論文の書き方を学ぶ
❻ サイエンスの議論の仕方を学ぶ
❼ 最新の情報を研究室メンバーと共有する

プログレス発表

　多くの研究室で，何らかのかたちで実験データを報告する会が開かれています．これは「プログレス発表」「仕事ゼミ」「研究発表会」あるいは単に「ミーティング」と呼ばれることもあるでしょう．実験データはまずプログレス発表などで研究室メンバーに紹介されることが重要です．最新情報を研究室のメンバーの中で共有すれば，より発展が期待できます．また，自分がうまくいかなかった実験について，他のメンバーからよい助言をもらうことはとても役に立ちますし，あるいは他のメンバーが同じ轍を踏まないようにするためにもこのような情報交換は大切です．
　このようなプログレス発表は，毎週発表の義務があるところから，年に1回のみ全体で行うような場合もあります．頻度が低く聴衆の数が多ければよりフォーマルになりますし，直接の指導者に対して頻繁に行うような場合はフォーマル度は低く，前置き抜きにすぐデータの説明に入ります．

ポスター発表 vs 口頭発表

　実験データはまずプログレス発表などで研究室メンバーに紹介されますが，よいデータが貯まってくれば，「ぜひ学会で発表してみたい」という気持ちが高まってくるでしょう．現在では生命科学の分野では多数の学会や研究会があり，ビギナーはどの学会に発表したらよいか戸惑うこともあるかもしれませんが，まずは周りの先輩や先生に尋ねてみましょう．あるいは指導者から「次の△△学会で発表してみたら？」と言われるかもしれません．
　学会における発表には，あらかじめオーガナイザーによって演者が選定されている「シンポジウム」や「ワークショップ」と，学会員が応募する「一般演題」がありま

す．最近の生命科学分野の大きな学会では一般演題で口頭（オーラル）発表を行うことが減っており，ビギナーの登竜門はまずポスター（示説）発表からという場合が多いようです．プレゼンテーション法を考える場合，それぞれの特徴は以下の通りです．

● ポスター発表

❶ 一度に少数の聴衆を相手に行う
❷ フォーマル度は口頭発表よりも低い
❸ 持ち時間は比較的フレキシブルである
❹ ポスターを作成する（デジタルプレゼンテーションも可能）
❺ ディスカッションしやすい
❻ 何度でもデータを説明できる

● 口頭発表

❶ 一度に数十人以上の聴衆を相手に行う
❷ フォーマル度はポスター発表よりも高い
❸ 発表時間が限られている
❹ デジタルプレゼンテーション（もしくはOHPやスライド使用）
❺ ディスカッションの時間は限られている
❻ 1回限りのパフォーマンス

　表に若手研究者が経験する種々のプレゼンテーションの特徴について掲げました．この分類で重要なポイントは，「聴衆の種類，数，発表時間」です．この要素によって，プレゼンテーションに用いる媒体（本書ではプレゼンテーションアイテムと呼ぶことにします）やその組み立て方が変わってくるからです．
　まず聴衆の種類には，身近な研究室のメンバーから，専門を同じくする学会メンバー，場合によっては比較的異分野の人たちなどがあります．どれくらい自分のバックグラウンドと近いか，どのくらいフォーマルかによって，プレゼンテーションで考慮すべきポイントが分かれることになります．いかなる場合でも，**聴衆を意識したプレゼンテーションを心がける**ことがよいプレゼンテーションのための最大の秘訣です．
　聴衆の数には1人から数百人までのバリエーションがあります．人数によって会場

第1章 プレゼンテーションがなぜ重要なのか

◆ 生命科学系における種々のプレゼンテーション

プレゼンテーション		聴衆		時間
		種類	人数	（およその目安）
論文紹介		研究室メンバー	数人〜20人程度	30〜60分
プログレス発表		研究室メンバー	数人〜20人程度	15〜60分
学会発表	ポスター	学会構成員	不特定多数	発表60分+α
	オーラル（一般演題）	学会構成員	数十人〜200人程度	10〜20分
	ワークショップ, シンポジウム	学会構成員	100人〜	15〜40分
セミナー		他の研究室メンバー 異分野研究室メンバー	10〜50人程度	30〜90分
インフォーマルディスカッション注1		研究室メンバー ビジター	1〜数人程度	15〜30分
講義		学部学生、大学院生	数人〜100人程度	60〜90分

プレゼンテーション		プレゼンテーションアイテム				
		ハンドアウト	OHP	プレゼンテーションファイル	スライド	ポスター	ホワイトボード
論文紹介		◎	○	○			○
プログレス発表			○	○	△		○
学会発表	ポスター	○注2		○注3		○	
	オーラル（一般演題）		△	◎	△		
	ワークショップ, シンポジウム	○注4		◎	△		
セミナー			△	◎	△		○
インフォーマルディスカッション注1			○	◎注5	△		○
講義		◎	○	○	△		○

使用アイテムの説明：◎必須、○よく使用される、△推奨しないがやむを得ない場合もある
注1：必要に応じて突発的に行うディスカッション
注2：効果的なアピールのためにハンドアウトを用意するのもよい
注3：ムービーが必要な場合はポスター会場にコンピュータと液晶プロジェクタを持ち込むことも可
注4：小さな研究会などでは小冊子用の原稿を要求される場合もある
注5：相手が1人などのときは、コンピュータのモニタに映せばよい

　の大きさが異なることが普通であり，この点がどのようなプレゼンテーションアイテムが適しているか，またその作成法の分かれ目となります．

　発表時間も重要なファクターであり，少ない時間を効果的に使う場合にはどうしたらよいか，逆に60分以上の長い時間のプレゼンテーションでは，聴衆の集中力を持続させるにはどうしたらよいかを考慮することが必要となるでしょう．

❷ プレゼンテーションアイテムの種類と重要性

プレゼンテーションにはさまざまな出力媒体（プロジェクタなど）が用いられ，それに応じて必要なプレゼンテーションアイテムが用いられます．それぞれには以下のような特徴があります．

ハンドアウト

ハンドアウト（配布物）（次頁，図参照）は，単にプリント，あるいはクラシカルにはレジュメ（フランス語 résumé）と呼ばれることもある，紙を媒体とした表現方法の1つです．参加者のバックグラウンドが近く，人数が少ないような場合には，ハンドアウトだけを用いてプレゼンテーションを行うことも可能です．通常は A4（もしくは A3）の紙を用います．論文紹介に用いるハンドアウトは，雑誌から図表などのデータをコピーし，そこに必要な語句を追加して作成することが一般的ですが，最近ではウェブサイトからダウンロードした PDF ファイルからのコピー＆ペーストにより，PowerPoint などのソフトを用いて作成することも可能であり，簡便な方法として推奨されます（これは私的使用，教育，研究目的の範疇内に限り許されており，用途によっては著者および出版社の許可が必要となる場合がありますので注意してください）（第2章参照）．小さな研究会などのプレゼンテーションで，発表要旨に加えてハンドアウトを要求される場合もあります．

> **memo 「ハンドアウトの基本」**
> どのようなハンドアウトであっても，最低限，自分の名前とプレゼンテーションの内容（例えば「ジャーナルクラブ」など）と日付を明記するべきである．また2頁以上になる場合はページ番号を付さなければならない．

OHP シート

オーバーヘッドプロジェクター（OHP）と OHP シート（英語では transparency と呼ばれる）を用いた方法は手軽であり，プレゼンテーションの初歩としてぜひ学びたいテクニックです．OHP の器械は通常あまり光量がないので，本来これを用いたプレゼンテーションは，**数人〜10人程度の聴衆を相手に行うのが適当**です．論文紹介などでは，ハンドアウトとともに用いることによって，より明瞭にデータを説明する

◆ ハンドアウトの例

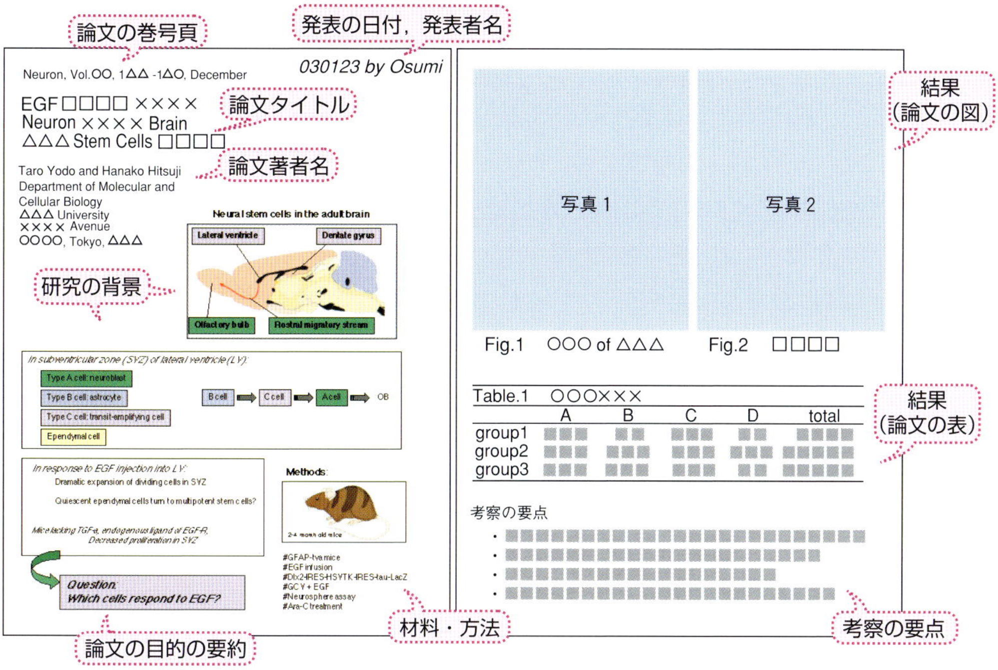
論文の巻号頁
発表の日付，発表者名
Neuron, Vol.OO, 1△△ -1△O, December
030123 by Osumi
EGF □□□□ ××××
Neuron ×××× Brain
△△△ Stem Cells □□□□
論文タイトル
論文著者名
Taro Yodo and Hanako Hitsuji
Department of Molecular and
Cellular Biology
△△△ University
×××× Avenue
OOOO, Tokyo, △△△
Neural stem cells in the adult brain
Lateral ventricle
Dentate gyrus
Olfactory bulb
Rostral migratory stream
研究の背景
In subventricular zone (SVZ) of lateral ventricle (LV):
Type A cell: neuroblast
Type B cell: astrocyte
Type C cell: transit-amplifying cell
Ependymal cell
Bcell
Ccell
Acell
OB
In response to EGF injection into LV:
Dramatic expansion of dividing cells in SVZ
Quiescent ependymal cells turn to multipotent stem cells?
Mice lacking TGF-α, endogenous ligand of EGF-R,
Decreased proliferation in SVZ
Question:
Which cells respond to EGF?
Methods:
2-4 month old mice
#GFAP-tva mice
#EGF infusion
#Dlx2-IRES-HSVTK-IRES-tau-LacZ
#GCV + EGF
#Neurosphere assay
#Ara-C treatment
論文の目的の要約
材料・方法
写真 1
写真 2
Fig.1 OOO of △△△
Fig.2 □□□□
結果
(論文の図)
Table.1 OOO×××
A
B
C
D
total
group1
group2
group3
結果
(論文の表)
考察の要点
考察の要点

場合に威力を発揮します．学会において一般演題の口頭発表の場合に，後述するコンピュータプレゼンテーションが準備の都合上難しく，OHPによる発表が義務付けられることもあります．OHPシートは，マジックペンを用いて直接書き込んだり，ハンドアウトをコピーしたり，PowerPointファイルを直接印刷したりして作成することができます．ただし，画像データの質は，後述の液晶プロジェクタやスライドプロジェクタによるプレゼンテーションに比して，かなり劣るのが難点です．

memo 「OHPシートの活用」

あらかじめ用意したOHPシートを使うだけでなく，その場で書き込みながらプレゼンテーションを行うこともできる．この場合は黒板（チョークボード）やホワイトボードを用いたプレゼンテーションに近い感覚となる．

プレゼンテーションファイル

　コンピュータで作成したプレゼンテーションファイル（すなわち，デジタル情報）を，液晶プロジェクタを用いて発表する方法は，この数年の間に広く浸透するようになりました．液晶プロジェクタはかなり明るいので，小さな部屋であれば暗くしなくてもみやすく（聴衆が眠くならずに済みます），大きな部屋でもスライドプロジェクタよりも明るい像を映し出すことができます．この方法の最大の利点は，**応用力と準備の手軽さ**にあります．そのためPowerPointなどの適当なソフトを用いることにより，以下のようなことが可能です．

❶ グラフ，画像，動画などの多彩なデータを，容易にプレゼンテーションに盛り込むことができる．
❷ ファイルや個々のスライド（1枚の画面）は簡単にコピーでき，聴衆に合わせて補足説明を加えたり，スライドの順序を変えたりすることもコンピュータ上で簡便に行える．
❸ データや文章を聴衆に印象付けるためのアニメーションツールも備わっている．
❹ 35 mmスライドフィルムを作成したり，OHPシートを印刷する必要がなく，コストと時間を制限できる．
❺ スライドの内容や順序をプレゼンテーションの直前まで変更でき，臨機応変に対応できる．

　欠点としては，以下のようなことが挙げられます．

❶ 液晶プロジェクタに接続し，スライドショーを開始するまでに時間がかかる．
❷ そのため，発表時間が短く限られている一般の口頭発表などでは準備が難しい場合がある．
❸ コンピュータが故障したり，プレゼンテーションファイルが破損するとプレゼンテーションが行えない．
❹ コンピュータ操作に慣れる必要がある．
❺ 投影するプロジェクタの画素数が少ないと画像データなどの解像度が落ちる．

第1章 プレゼンテーションがなぜ重要なのか

　コンピュータプレゼンテーション（すなわち，デジタルプレゼンテーション）は学会発表やセミナーだけでなく，研究室内のプログレス発表や，ビジターとのディスカッション，あるいは他の研究室に出向いて研究上のアドバイスを受けるときなどにも威力を発揮します．特に相手が1人の場合は，液晶プロジェクタを用いずに，モニタ画面に映したデータをもとにディスカッションできるメリットがあります．ラップトップ型のコンピュータ（ノートパソコン）なら持ち運びも楽なので，外に出向いてディスカッションするときには大変便利です．こまめにデータ整理をしてファイルとして保存しておけば，すぐに対応がきくでしょう．ただし，必ず他の媒体にも**バックアップファイルを残しておく**ことが大切です．マーフィーの法則ではバックアップを取っていないファイルほど壊れやすいとされていることをお忘れなく！

スライド

　かつて（少なくとも50年前からほんの5年前まで）は，学会・セミナー・講演における発表は35mmスライドとスライドプロジェクタを用いた様式が圧倒的に主流でした．スライドは重要な発見のデータを示す貴重な財産であり，大事に何度も使い回されました．グラフや文字のスライドとしては，今は懐かしい「ブルースライド」（紺色のバックに白抜きの線や文字を入れたもの）をつくったものです．ブルースラ

そろそろデジプレにしませんか？

　自分のデータをすでに「35mmスライド」で多数持っている研究者にとっては，最初からデジタルプレゼンテーション用のファイルをつくり直すことに抵抗を感じるものである．新たな発表に新しいデータのスライドだけ付け加えればすむと考えられるときに，この抵抗感はかなり大きい．また，液晶プロジェクタによるプレゼンテーションが一般的ではなかった初期においては，コンピュータをつないでも像が出ないなどのトラブルが相次ぎ，これもまた抵抗あるいは拒絶感を生むもとになっていた．だが，長い目でみれば，コンピュータプレゼンテーションに乗り換えるメリットは計りしれない．研究室の中で，あるいは他の研究者との間でも情報の共有が可能であることは，かなりの労力削減につながる．迷われている方も，いつかは一大決心をすべきである（筆者も4年前に1年がかりで乗り換えた）．トラブルの少ないデジタルプレゼンテーションのためのヒントは第2章「⑤ 画像や模式図の挿入」などを参照のこと．

イドは白黒の原稿を反転させて35mmフィルムに焼きこんで作成しており，光量の足りないプロジェクタを用いても明瞭にみえるようにとの工夫でした．すなわち，人間の眼には「暗順応」という性質があり，暗い背景にタイプされた白い文字は，明るい背景の上の黒い文字よりもはっきりみえるのです．前述の液晶プロジェクタを用いる場合でも，旧スライド時代の伝統を引きずって紺や黒を背景としたプレゼンテーションが多いですが，本当は光源が明るいので必ずしもその必要はありません（詳しくは第2章「⑧ わかりやすいスライド作成の原則－背景色の選び方のポイント！」参照）．約15年前からはコンピュータによるスライド作成が可能となりましたが，今やコンピュータからそのまま出力する方が無駄がありません．したがって本書ではスライド作成については触れないこととします．

ホワイトボード

　ホワイトボード（あるいは黒板やフリップボード）を用いたプレゼンテーションはフォーマル度が低く，例えば研究室内で即興の簡単なディスカッションをする場合や，論文紹介，プログレス発表のときの補足説明として行われます．セミナーなどにおいても，発表の途中もしくは後の質疑応答で必要となる場合もあります．ホワイトボードを用いたディスカッションでは研究のアイデアなどを自由に描き＆書きながら説明することが可能であり，また場合によっては議論に参加する人が書きこみに加わることもあります．このようなディスカッションは実際にサイエンスを進めるうえできわめて有効な手段であり，いわばプレゼンテーションの原点といえます．

歴史的なチョークボードセッション

　筆者はある海外の研究会でオプショナルセッションとして「チョークボードセッション」を経験したことがある．そのときに用いられたのは実際にはチョークボード（黒板）ではなく，模造紙を次々にめくるようにできる「フリップボード」であった．発表者はあらかじめプレゼンテーションアイテムを何も持たずに，マジックペンで紙の上にデータの模式図などを描きながら説明する．必要に応じて次の紙を使ったり，説明のために前の紙に戻ったりする．絵の上手下手は問題ではなく，いかに相手に自分の研究のおもしろさを伝えるかに皆心を砕き，議論が盛り上がっていった．「チョークボードセッション」という名前にサイエンスの歴史を垣間見たような気がした．

❸ プレゼンテーション vs 論文発表

　研究成果を外に向けて発信するには「論文発表」も行われます．実証科学の始まりにおいては，権威あるアカデミーに対して，発見を手紙の形式で送ることが一般的でした．Nature誌などにあるLetterという形式は，まさにその名残りです．現在では生命科学の分野だけでも膨大な数の雑誌（ジャーナル）が存在し，より広い読者層を持つ一般誌（Cell，Nature，Scienceなど）から，特定の学会が発行している専門誌までさまざまです．一般的には学会発表を経たうえで，論文投稿となりますが，競争の激しい分野で先陣争いにしのぎを削っているような場合には，密かに研究を進めて先に論文投稿し，受理されてからでないと学会発表しないような場合もあります．それはそれで仕方のないことでしょうが，筆者はあまり好ましい風潮だと思っていません．それは，サイエンスの本質は，議論を戦わせてより内容に磨きをかけてから，長く残る「論文」に仕立て上げるものだと信じているからです．

　論文とプレゼンテーションの大きな違いは，論文は読者が何度でも好きな箇所を読み返し，吟味することができるのに対し，**プレゼンテーションは基本的にライブパフォーマンス**であって，時間とともに流れていくということにあります．また，論文は検索されてより多くの読者に読まれ，長生きする論文であれば数十年を超えて読まれ続けるのに対し，一方，プレゼンテーションはその場に集まった聴衆にのみメッセージを伝えようとするものです．まさに一期一会のパフォーマンスなのです．だからこそできる限り準備をして臨まなければなりません．また論文では個人的にすでに知っている場合を除いて著者の顔はみえないものですが，プレゼンテーションはまさにあなた自身を聴衆の前に曝すことになり，その人間性が前面に表れることになります．

❹ よいプレゼンテーションとは？

　どんなにプレゼンテーションがよくても内容が悪ければ話にならないので，ここでは同じ内容であった場合を前提としましょう．では，どのようなプレゼンテーションがよいプレゼンテーションでしょうか？　それは必ずしも流暢な言葉で話されるものとは限りません．朴訥としていても，それはそれで発表者の人柄が感じられてよい場合もあります．よいプレゼンテーション10カ条をここで掲げておきましょう．

●よいプレゼンテーション10カ条

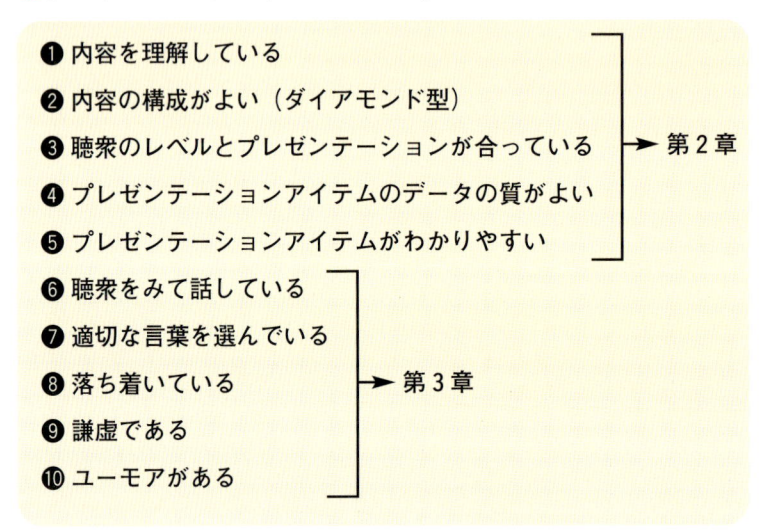

❶ 内容を理解している
❷ 内容の構成がよい（ダイアモンド型）
❸ 聴衆のレベルとプレゼンテーションが合っている　→ 第2章
❹ プレゼンテーションアイテムのデータの質がよい
❺ プレゼンテーションアイテムがわかりやすい
❻ 聴衆をみて話している
❼ 適切な言葉を選んでいる
❽ 落ち着いている　→ 第3章
❾ 謙虚である
❿ ユーモアがある

　この10カ条のうち，前半の5カ条は主としてプレゼンテーションアイテムの作成方法にかかわり，第2章で扱います．後半5カ条はプレゼンテーションの態度にかかわり，第3章で述べることにします．

第2章
＜基本編その1＞
プレゼンテーションアイテムの作成

論文紹介であれ，学会発表であれ，プレゼンテーションには共通して重要なポイントがあります．この章では，プレゼンテーションにおいてもっとも基本的なことがらの中で，まず「プレゼンテーションアイテムの作成」について説明します．特に，生命科学系のプレゼンテーションに有効なPowerPointを使ったプレゼンテーションアイテムの作成法について紹介します．

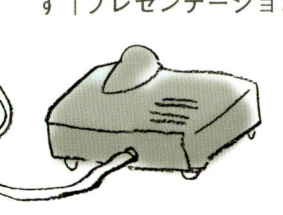

❶ 構想―めざすはダイアモンド型！

さあ，あなたは何かのプレゼンテーションをすることになりました．まず考えるべきことは，「何について」「誰に」プレゼンテーションするかということです．前章で述べたように，プレゼンテーションの種類によってその準備が少し変わってきます．しかしながら，生命科学系プレゼンテーションの本質である「新しい発見を他の人に伝える」ことは，研究室の中のプログレス発表であれ，学会でのポスター発表であれ何ら変わりません．

プレゼンテーションの構成を考える場合の最大のポイントは「ダイアモンド型の構成」にすることです（下図参照）．まず「導入」としてのキーセンテンスから始まり，背景をいくつか説明して，1つの明確な「目的」が集約されます．次に個々の「小目的」に沿った「材料・方法」によって実験がなされ，その「結果」についての説明を膨らませたのちに，小さな1つの「結論」が示されます．複数の解析について同様に説明し，さらに結果についての「考察」がなされ，最終的に「プレゼンテーション全体の結論」が導かれます．このようなダイアモンド型の明確な論理的構成をもった発表が理想といえます．

また，データを述べる順序は必ずしもあなたが実際にそのデータを得た順序がよいとは限りません．プレゼンテーションの流れの中で最も論旨が通るような順序にすることが大切です．

ではそのための準備をしましょう．本章では生命科学系のプレゼンテーションにおいて最も実践向きであるPowerPoint※を使った方法について説明します．

◆ プレゼンテーションのダイアモンド型の構成

※本稿では，Photoshop ver. 5.0, Illustrator ver. 8.0, PowerPoint (Office98, 2001) を用い，主にMac ユーザーを対象として述べていますが，バージョン，OSによりコマンド表記や操作法が異なる可能性があります．

❷ プレゼンテーションファイル作成の流れ

　液晶プロジェクタによるデジタルプレゼンテーションはもちろんのこと，ポスター発表であっても前述のような「構成」を考える上で，PowerPoint を使った方法は極めて有効です．基本的には，画像，図表など個々のデータアイテムをもとにプレゼンテーションファイルを作成することになります．ここでは PowerPoint を使った方法についてキーポイントのみを述べます．実際のソフトの使い方などについては，Macintosh か Windows か，あるいはバージョンによって若干異なるので，指導者や先輩に訊いたり，市販のマニュアル本や，巻末に掲げる参考書に当たってください．

PowerPoint による作成の流れ

1. ソフトを立ち上げ［新規作成］を選ぶ．1枚目のスライドに「表紙」としてタイトル（演題），発表者の所属と名前をタイプする（複数の演者による発表であれば，発表者以外の名前・所属も明記）※．

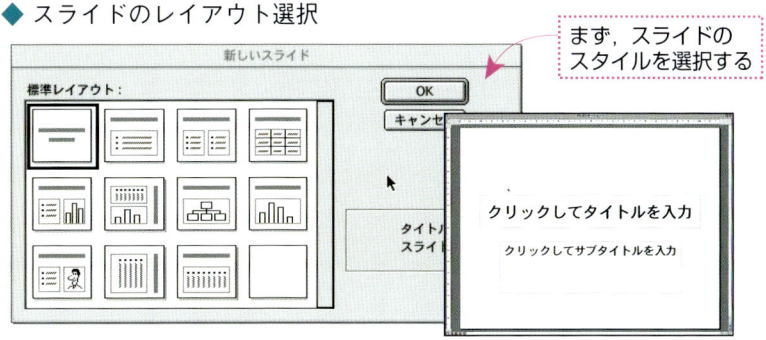

　◆ スライドのレイアウト選択

2. 2〜3枚目として「背景・目的」を説明するためのスライドを作成する．

3. 「結果」のスライドを作成する（データの量や発表時間により1〜数枚）．

4. 「結論」のスライドを作成する（1枚）．

5. 必要であれば「謝辞」のスライドを作成する（1枚）．

※ポスター用の PowerPoint ファイルを作成する場合，タイトルはたいてい非常に横長なので，書類サイズを変えた別のファイルを作成する必要があるが，いつ・どの学会における発表かを表すために，筆者はすべて1枚目のスライドとして「表紙」を作成することをおすすめする．

◆ PowerPoint で作成したプレゼンテーションアイテムの例

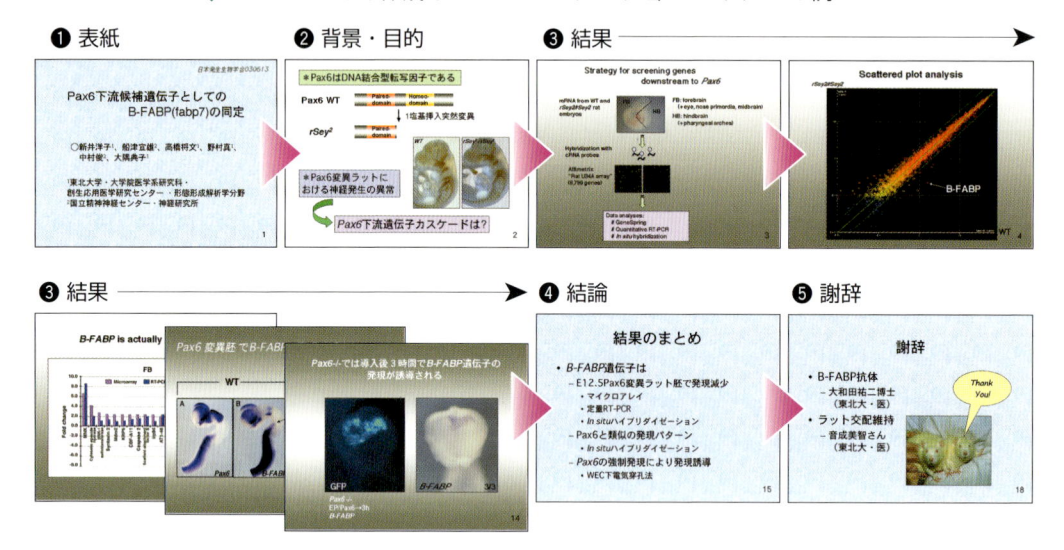

❶ 表紙　　❷ 背景・目的　　❸ 結果

❸ 結果　　❹ 結論　　❺ 謝辞

スライドの「デザイン」

　PowerPoint では，本物の「スライド」ではないのですが，伝統にならって1つの画面を「スライド」と呼びます．PowerPoint ではスライドのデザインとして「インスタント・ウィザード」と「デザイン・テンプレート」が用意されていますが，筆者は生命科学系のプレゼンテーションにはこれらをあまり推奨しません．まず「インスタント・ウィザード」の場合は，基本的に営業におけるプレゼンテーションを念頭においてつくられており，学会発表などには向いていないためです．

　「デザイン・テンプレート」には魅力的なものもありますが，生命科学系のプレゼンテーションで頻出する画像データを貼り込むと，バックグラウンドが煩雑なのでデータが目立たなくなってしまいます．これを避けるには，スライド全体を白・グレー・黒などの色で塗った四角で覆い，その上に画像データを貼り込むことが必要ですが，毎スライドごとに行うのがやや面倒です．また，あるプレゼンテーションで用いたファイルを別のプレゼンテーションのために異なるデザインのファイルに移すと，文字の色が勝手に変わってしまうなどのトラブルが生じます．これはそれぞれのデザインに最適なコントラストの文字のスタイルや色があらかじめ設定されているためですが，大きなお世話といえなくもありません（46頁の「背景色の選び方のポイント！」も参照）．

第2章 基本編その1　プレゼンテーションアイテムの作成

スライドの「レイアウト」

　PowerPointでは多数のレイアウトが用意されていますが，生命科学系のプレゼンテーションで頻用するのは以下の4つです．

❶ 表紙
❷ 箇条書きテキスト
❸ タイトルのみ
❹ 白紙

　文字中心のスライド（背景・結論・謝辞など）には「箇条書きテキスト」を選択し，図を挿入するスライドでは「タイトルのみ」もしくは「白紙」を選ぶとよいでしょう．各スライドには，そのスライドで何を言いたいかを表すテキストがあった方がわかりやすいので，「白紙」を選んだとしてもやはりテキストをタイプすることが必要です．後でスライドの順番を変えたりする可能性を考えると，「アウトライン表示」にしたときにタイトルがみえる「タイトルのみ」の方が便利です．また，「タイトルのみ」の場合，初期設定で適切な文字サイズが選ばれており，「センタリング」になっています．

　この他に「オブジェクト」や「テキストとオブジェクト」などのレイアウトが準備されています．これらの利点は，グラフや画像などのオブジェクトを挿入した場合にあらかじめ適切な余白になるような大きさに自動的に変換してくれることです．稀に余白がほとんどないスライドとなっているプレゼンテーションをみかけますが，これはみにくいし，また会場のセッティングによっては端がスクリーンに映らない場合があるので，好ましくありません．

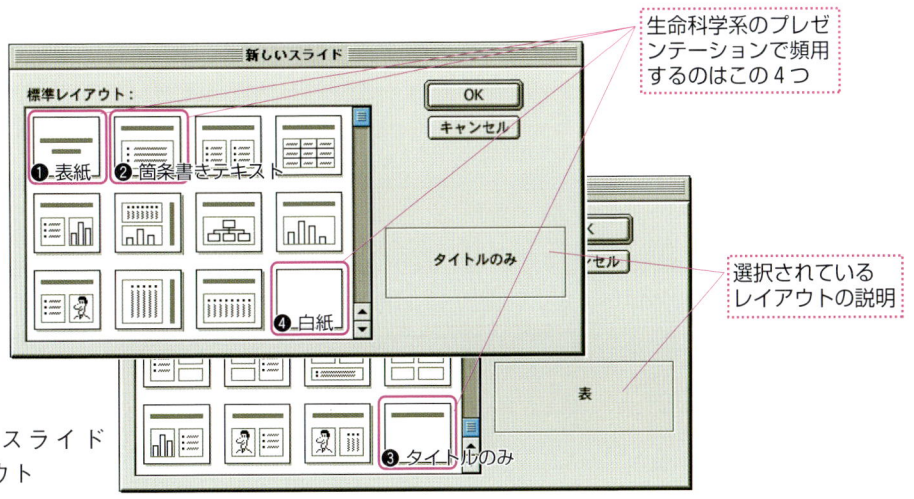

◆ 代表的なスライドのレイアウト

❸ テキストの挿入

まず，もっとも基本的な文字の入力，つまりテキストの挿入について説明します．スライドにテキストを挿入する方法には2つあります．

> ❶「プレースホルダ」に入力する．
> ❷［図形描画］ツールバーから［テキストボックス］を選んで入力する．

プレースホルダに入力したテキストはアウトラインにも反映されます．図やグラフに文字を挿入するには必ずテキストボックスを使用することになります（下記参照）．
　プレースホルダに文字を入力する際には，［クリックしてタイトルを入力］などと書かれたところをクリックすると，この表示が消えた状態になるので，ここに文字をタイプします．

◆ PowerPoint の基本画面

（図：PowerPointの基本画面の説明．テキストボックス，標準ツールバー，スライドペイン，図形描画ツールバー，アウトライン，点線で囲まれているボックスがプレースホルダ，ノートペイン などの要素がラベル付けされている．中央に「クリックしてタイトルを入力」「クリックしてサブタイトルを入力」と表示されている．）

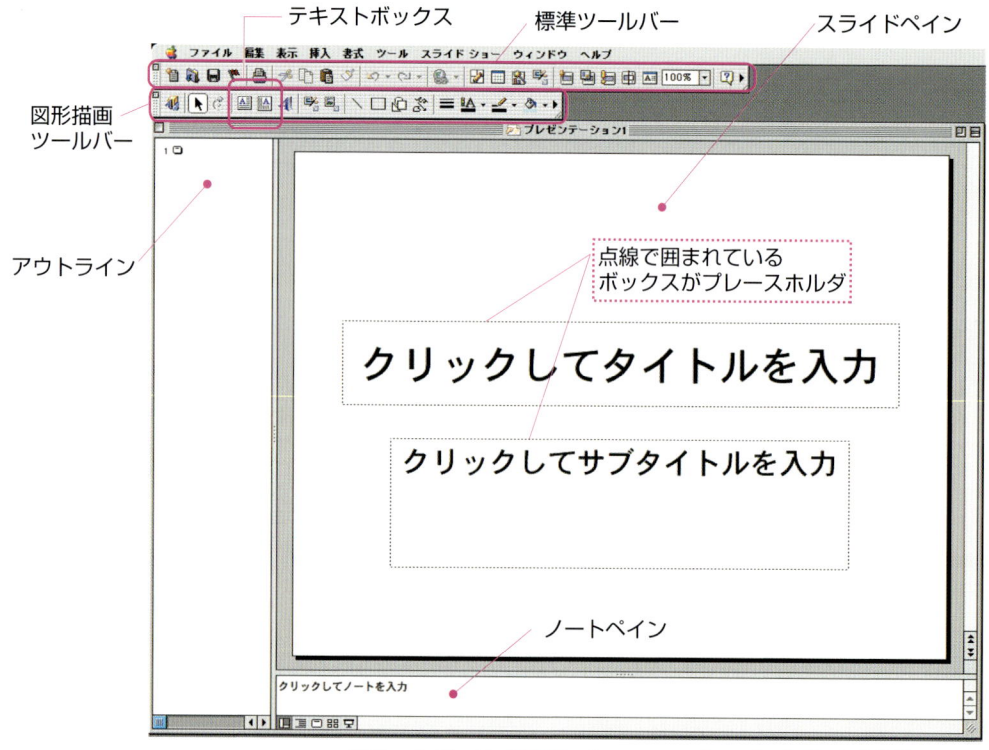

※ツールバーは［表示］メニュー →［ツールバー］から選択できる

第2章 基本編その1 プレゼンテーションアイテムの作成

「箇条書きテキスト」のプレースホルダへの入力の場合には,「行頭文字」(●など)がデフォルトで付いています.これを他のマークや数字に変更したり,行頭文字を表示しない設定にすることも可能です.この場合は,[書式]メニューから[行頭文字...](PowerPoint 2001 からは[箇条書きと段落番号]より選択)を選択し,表示されたダイアログから好みのスタイルに変更します.または[ツールバー]にもショートカットが設定されています.

箇条書きの場合に,[tab]キーを押す(もしくは[ツールバー]の[→]をクリックする)と,一段下がったところから,小さくなったサイズの文字で入力できるようになります.これはわかりやすいテキスト作成にうまく利用したい機能です.戻す場合には[ツールバー]にある[←]をクリックすると,一段戻ります.

テキストボックスによって文字入力する場合に,もし画面に[図形描画]ツールバーが表示されていない場合は,[表示]メニューの[ツールバー]→[図形描画]をクリックすると表れます.横書きと縦書きのテキストボックスがあります.スライド上でクリックしたところに文字を入力でき,後から自由に位置を変えることが可能です.

> **memo「テキストは階層的に!」**
>
> [tab]キーを用いて段落レベルを調整し,階層的にテキストを入力することにより,論理がビジュアル化される.各行はなるべく2行にまたがらない方がよい.

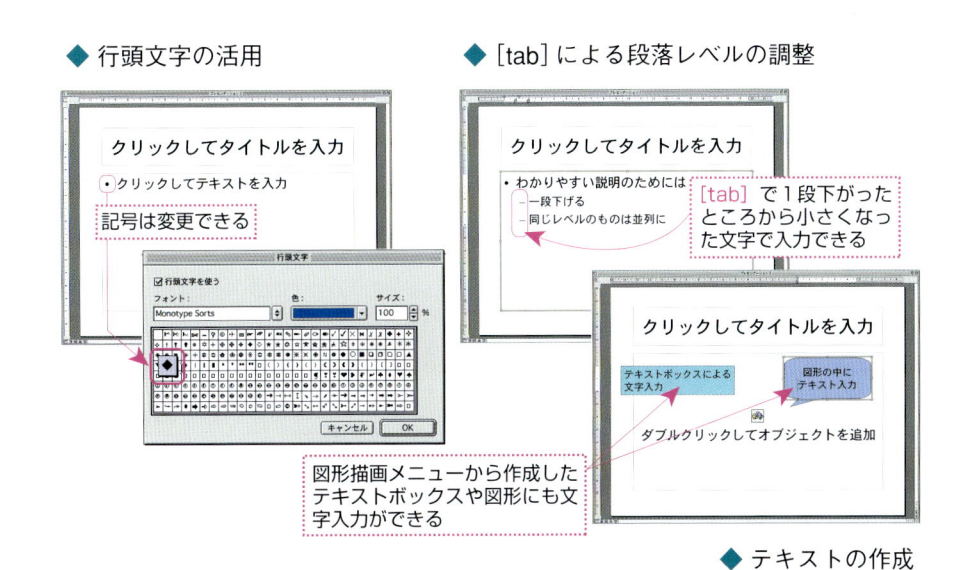

◆ 行頭文字の活用

◆ [tab]による段落レベルの調整

◆ テキストの作成

文字に関する重要ポイント！

文字のスタイル（「フォント」と言います），大きさ（サイズ），色などについて，プレースホルダの場合もテキストボックスの場合も自由に変更可能ですが，以下のような点に注意しなければなりません．

❶ はっきりしたフォント：Macintosh なら Osaka, Helvetica Bold, Arial Bold などが標準．他には Comic Sans MS, Verdana などが推奨される．明朝や Times などは細すぎるので，太字にすべき．

読みやすいフォント	読みにくいフォント
・Osaka	・明朝 ➡ **明朝** 太く
Helvetica Bold	
Arial Bold	・Times ➡ **Times** 太く
・Comic Sans MS	
・Verdana	

❷ 適切なサイズ：会場の後ろの人でも読めるように，タイトルであれば 30 ポイント以上，箇条書きテキストであれば 24 ポイント以上は必要．

❸ 背景に対してコントラストが高い色合い：白バックであれば黒，紺，濃い緑，黒もしくは紺バックに対しては白や黄色がよい．

❹ 同じカテゴリーに属する単語は同じフォント，同じ大きさ，同じ色に統一する（例：遺伝子名，材料など）．

❺ 強調したい語は色を変えるか，フォントの種類を変える．

❻ テキストを入力後に，「塗りつぶし」と「線」で枠を付けることもできる．

❼ 中抜き文字，網掛け文字はかえって読みにくい．

❽ 行間が詰まりすぎていると読みにくい．

❾ 1 スライドに対して最大行数は 6〜7 行までにする．

❿ 1 スライドに対して文字の色は 3〜4 色までにする．

❹ 図形の描画

　PowerPointでは［図形描画］ツールを用いて模式図などを描くことができます．もし画面に［図形描画］ツールバーが表示されていない場合は，［表示］メニューの［ツールバー］→［図形描画］をクリックすると表れます．

　ツールバーにある □ は長方形を，＼ は直線，☆ は自由曲線を描くツールです．さらに，［オートシェイプ］の中には［基本図形］［ブロック矢印］など生命科学系の模式図等に使えるものがいろいろ揃っています．よく使う図形などについては，このような基本図形などをさらにツールバーに加えておくととても便利です．

　また，線とコネクタを除くすべての［オートシェイプ］にはテキストを入力することができ，自動的にセンタリング（中央揃え）されるので便利です．図形の塗りつぶしの色，線の色，文字の色を選択することができます．塗りつぶしには「パターン」や「グラデーション」を選ぶことも可能です．

◆ 模式図に利用できるツール

❶ ［表示］→［ツールバー］から［図形描写］を選択

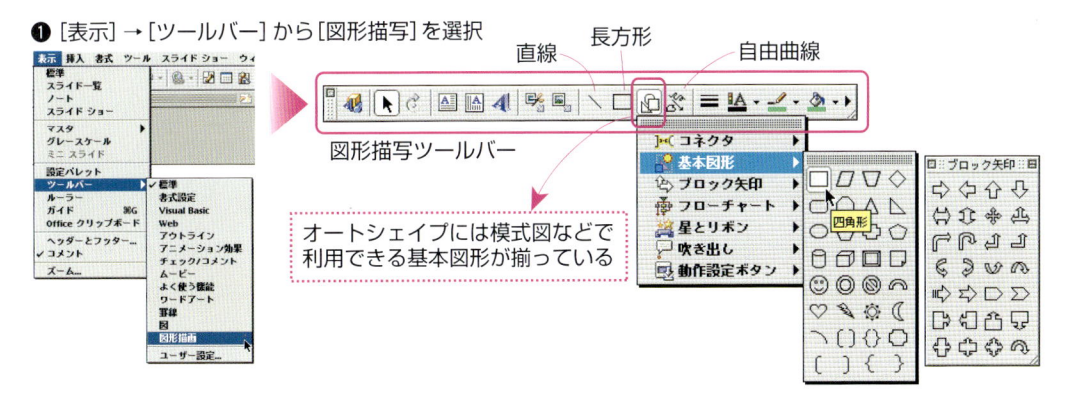

オートシェイプには模式図などで利用できる基本図形が揃っている

◆ オートシェイプへのテキスト入力

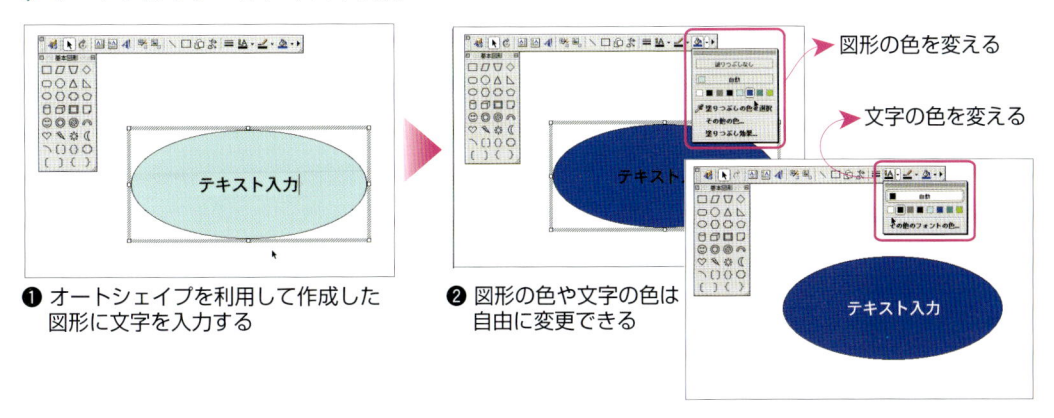

❶ オートシェイプを利用して作成した図形に文字を入力する

❷ 図形の色や文字の色は自由に変更できる

→ 図形の色を変える
→ 文字の色を変える

図形の位置を揃えるには，［図形描画］ツールバーから［図形の調整］→［配置/整列］を選択します．また複数の図形のサイズを合わせるには，それらの図形を選択しておき，［書式］メニューから［オートシェイプ...］を選択し，［サイズ］タブを開いて，高さや幅を入力すると，その高さや幅に揃えて自動的に調整されます．

　詳しくはPowerPointのマニュアルをみてください．

◆ 図形の位置調整

❶［図形描画］から
　［図形の調整］→［配置/整列］
　を選択し，
　図形の位置を調節する

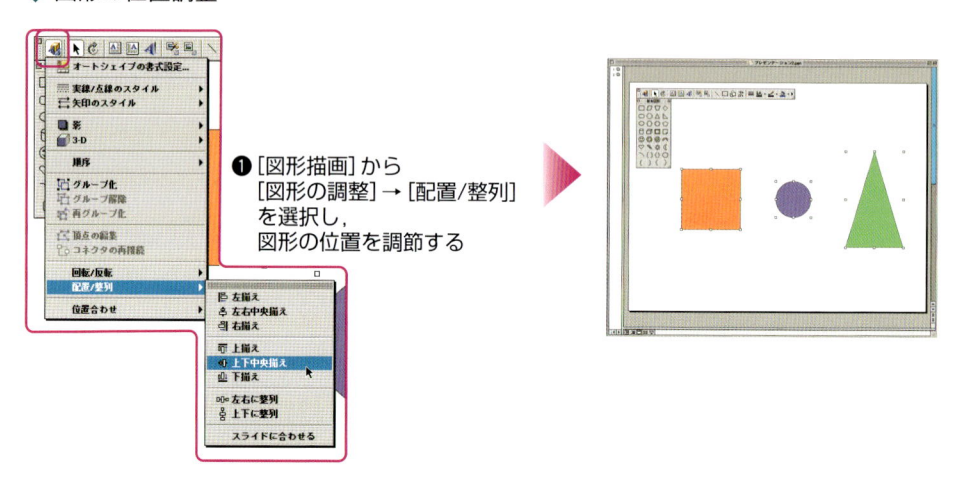

◆ 図形のサイズ調整

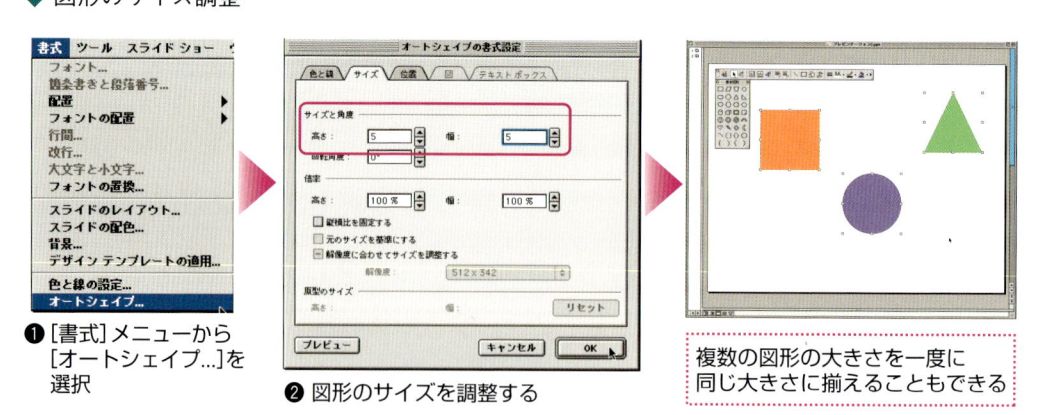

❶［書式］メニューから
　［オートシェイプ...]を
　選択

❷ 図形のサイズを調整する

複数の図形の大きさを一度に
同じ大きさに揃えることもできる

❺ 画像や模式図の挿入

　PowerPointを使った場合，基本的には［ファイルから挿入］コマンドを用いて，画像や図表をスライドに貼り込んだ方がよいようです．例えばMacintosh版ではPhotoshopのファイルをコピー＆ペーストしてスライドに画像などを移すことが可能なのですが，その場合ファイルが重くなったり，またWindows系のコンピュータで同じファイルのスライドショーを行うことができないので，不便が生じる場合があります．以下に生命科学系で使われる主なソフトで作成されたデータをPowerPointファイルへコンバートする方法について述べます．

Photoshopファイルからのコンバート法

1. もとのファイルが複数のレイヤーを含むものであれば，まずメニューバーの［レイヤー］もしくは［レイヤーパレット］から［画像を統合］を選択し，さらに「保存形式」を「JPEG」にして，ファイルを圧縮しておきます（第5章「⑤裏技集―重たいファイルをスリム化する」も参照）．このとき，拡張子としてファイル名の後ろに「.jpg」を付けておくとよいでしょう．JPEG以外の圧縮保存形式はMacintoshとWindowsの間で変換トラブルが起きる可能性があるので，すすめられません．

◆ PhotoshopのファイルをJPEG保存する

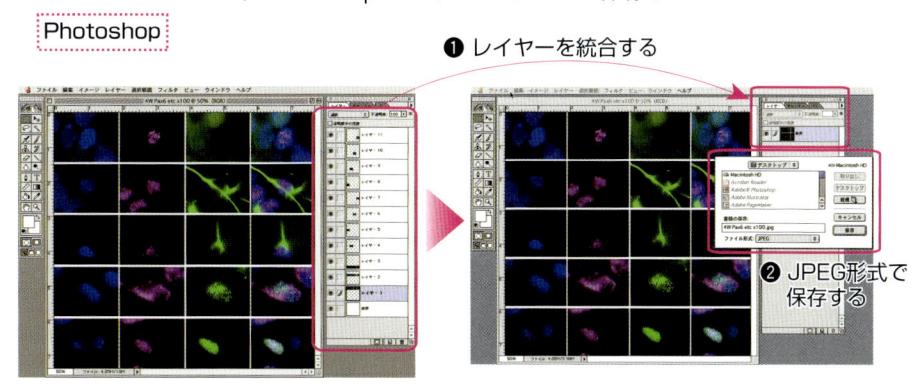

Photoshop
❶ レイヤーを統合する
❷ JPEG形式で保存する

2. PowerPointファイルに戻り，［挿入］メニューから［図］→［ファイルから挿入］を選択し，保存したJPEGファイルを選択します．画面に合わせて拡大もしくは縮小します．このとき，四角の角をドラッグしないと，縦横比が変わって

◆ 画像を PowerPoint に挿入する

❶ [挿入] → [図] →
[ファイルから挿入] で
保存したファイルを選択

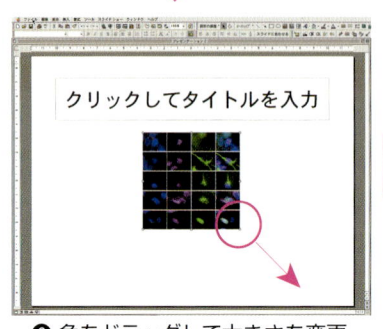

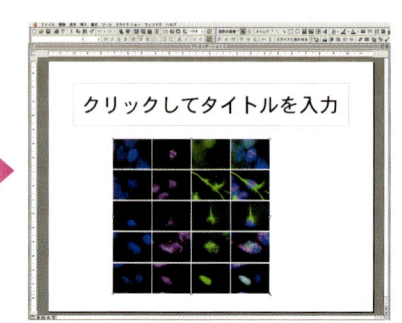

❷ 角をドラッグして大きさを変更

❸ スライド全体に対しこの程度の
大きさになるように調整

しまうので注意しましょう．あるいは [shift] キーを押しながらドラッグします．図のコントラストや明るさは PowerPoint 上でも若干変えられますが，なるべく Photoshop の段階で最適化しておくべきです．なお，液晶プロジェクタを用いたプレゼンテーションの場合には，35mm スライドよりも明るめに映るので，「明るさ・コントラスト」が高くなりすぎないように注意してください．

　もとの画像の周辺の不要な部分を切り取る場合には，[図] ツールバーの [トリミング] を使用します．必要以上の余白があるよりは，可能な限り図を大きくみせるべきです．ただしサンプルの説明をテキストとして入れる程度の余白は残さなければいけません．

3. 明るい背景に張り込んだ図には，周囲を黒い線で囲むとはっきりします．逆に暗い背景の場合には，周囲を白い線で囲むとよいでしょう．[図形描画] ツールバーの [線の色] の中から適切な色を選びます．

　必要に応じて図の説明するための「テキスト」をタイプしたり，スライド全体の表す内容をテキストとして入力します．

第2章 基本編その1 プレゼンテーションアイテムの作成

◆ PowerPoint 上で画像を適切にレイアウトする

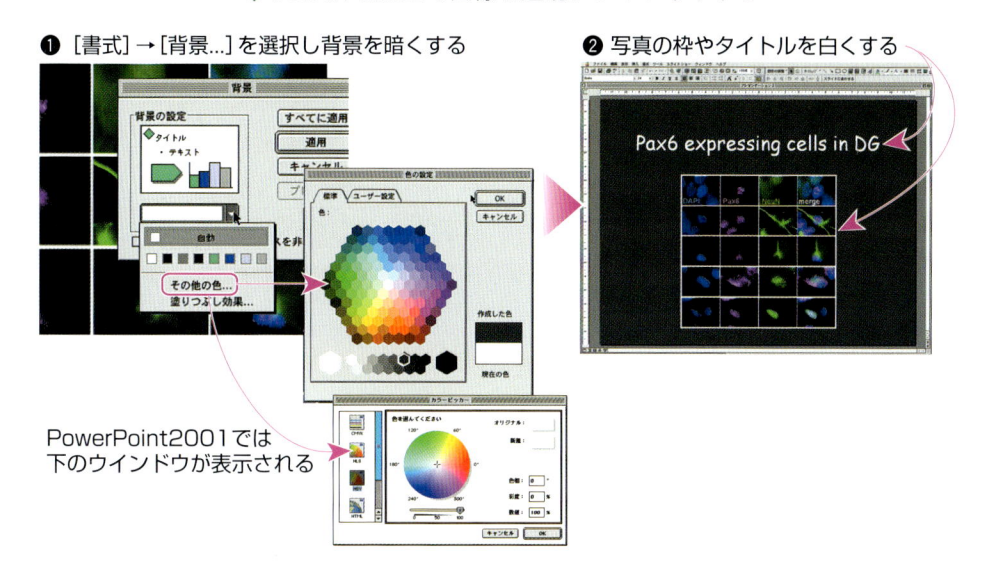

❶ ［書式］→［背景…］を選択し背景を暗くする　　❷ 写真の枠やタイトルを白くする

PowerPoint2001では
下のウインドウが表示される

memo 「解像度はどうする？」

　基本的にデジタルプレゼンテーションを行う場合の解像度は 72dpi と考えればよいので，640 × 480 の画素数（35 万画素）の画像であればスライドにうまく収まる．そこまで解像度を落とさなくても，圧縮する前の Photoshop 形式でのファイルサイズを 2 ～ 3Mb 程度にしておけば，さほどトラブルはない（1 枚のスライドに数枚の画像ファイルを挿入する場合には，さらに小さい方が望ましい）．これ以上大きいファイルだと，ファイルを開くときに読み込みに時間がかかる．また，この場合には画面をハンドアウトとして印刷した場合でも画像が荒いという印象は受けない．逆にあまり小さなファイルにして解像度を落とすと，液晶プロジェクタへの出力ではさほど目立たないが，基本的に 300dpi のプリンタでは解像度が低いことがわかるようになる．

　また，いくつかの画像データを組み合わせた図を作成する場合には，よっぽど急いでいる場合を除いて，基本的にはまず Photoshop 上，もしくは Illustrator 上で組み写真をつくって，その画像ファイルを適切なサイズに変えてから PowerPoint に張り込んだ方がよい．どうしてもアニメーションで図を別々に扱いたいような場合を除いて，組み写真を合成すべきである．例えばコントラストや明るさなどの調整も Photoshop 上でした方がずっときめ細かい処理が可能であるし，1 枚ずつの画像ファイルを PowerPoint に貼り込んでいくと，どうしてもファイルが重くなりがちである．重たいファイルはトラブルのもとなので注意！（第 4 章 memo「適度なファイルの大きさに！」や第 5 章「⑤ 裏技集－重たいファイルをスリム化する！」参照）

Illustrator ファイルからのコンバート法

　Illustrator ver. 8.0 以降では，Photoshop との間のコンバートが容易になりました．Illustrator ファイルはそのままでは PowerPoint に移せないので，いったん Photoshop ファイルに移します．

1. Photoshop を立ち上げて，［ファイル］から［開く］を選択すると，Illustrator ファイルも選択できます．通常，A4 の紙を想定して描いた図をそのまま開けば，十分な解像度の Photoshop ファイルになっているはずです．グラデーションなどをきれいに出したい場合は，このコンバートのときの解像度を上げて，まず大きなファイルサイズにしておきます．

2. その後，Photoshop 上で適当なファイルサイズにし，さらに前述のようにして，PowerPoint ファイルにコンバートします．

◆ Illustrator の画像を PowerPoint に移す

Illustrator
❶ Illustratorで作図する

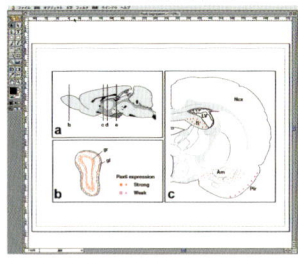

Photoshop
❷ Photoshopから［ファイル］→［開く］で
　Illustratorファイルを選択

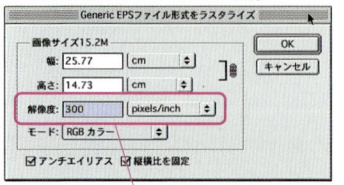

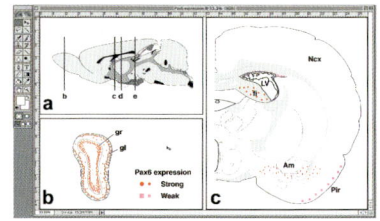

A4サイズで作成したものであれば，
解像度は300pixels/inchあれば十分

⇒次頁へ続く

第2章 基本編その1 プレゼンテーションアイテムの作成

[Photoshop]
❸ 適当な大きさに調整
❹ JPEG形式で保存

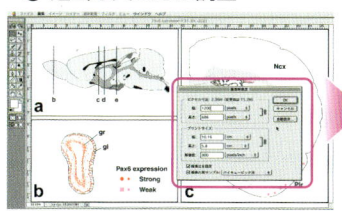

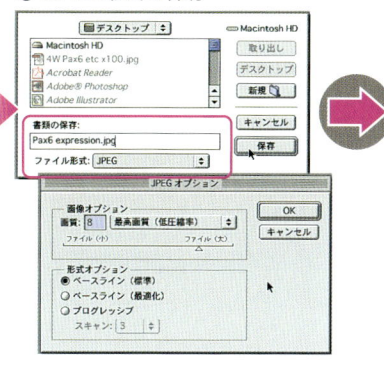

[PowerPoint]
❺ ファイルを読み込む

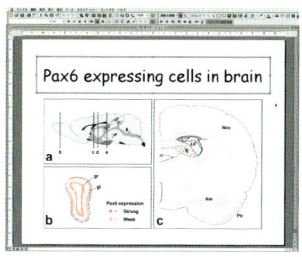

memo 「余白は大事！」

よくみかけるスライドに，データをなるべく沢山盛り込みたいからか，あるいはなるべく拡大してみせたいからか，余白がほとんどないようなものがある．これはみていて圧迫感があるばかりでなく，会場のスクリーンが若干小さい場合などに，端の方の写真や文字が欠けてしまうことがありよくない．適度な余白は，PowerPointに用意されている［スライドのデザイン］の中の［オブジェクト（大）］くらいだと思っていただければよい．

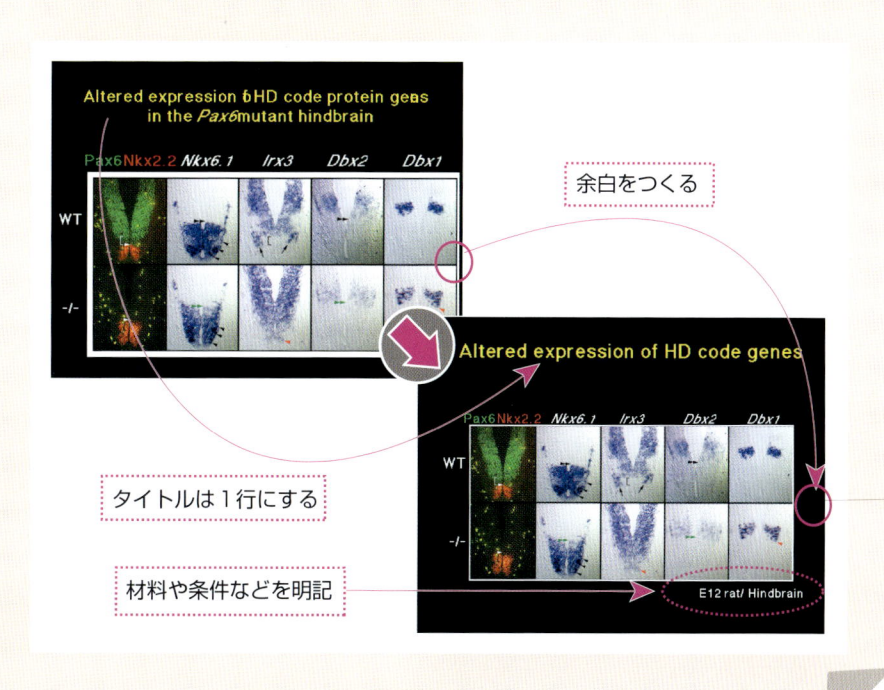

余白をつくる

タイトルは1行にする

材料や条件などを明記

Excel ファイルからのコンバート法

● グラフ

　データをもとに Excel 上でグラフを描かせます〔詳しくは参考書『PowerPoint のやさしい使い方から学会発表まで』（羊土社）参照〕．グラフエリアを［編集］→［コピー］します．PowerPoint の画面に戻り，［編集］→［ペースト］をクリックするとスライド上にペーストされます．必要に応じて拡大もしくは縮小します．縦横比を変えないで拡大・縮小するためには，四角の角をドラッグするか，［shift］キーを押しながらドラッグします．

　この方法ではグラフの上で書き込まれたテキストが小さすぎたり，不必要な線などが多いので，その調整を行います．挿入したグラフを選択して［図形の調整］→［グループ解除］を選択します．この状態で必要でない数値や線を選択して削除します．また，棒などの「塗り」や「線」の色の設定を変えます（グラデーションを入れることもできます）．最終的にはグラフをもう一度グループ化しておく方が，後の作業がやりやすいでしょう．

　より美しいプレゼンテーションをめざすのであれば，グラフをコピー＆ペーストしていったん Illustrator などの「お絵描きソフト」に移し，その上で文字を入れ直して，

◆ Excel のグラフを PowerPoint に移す

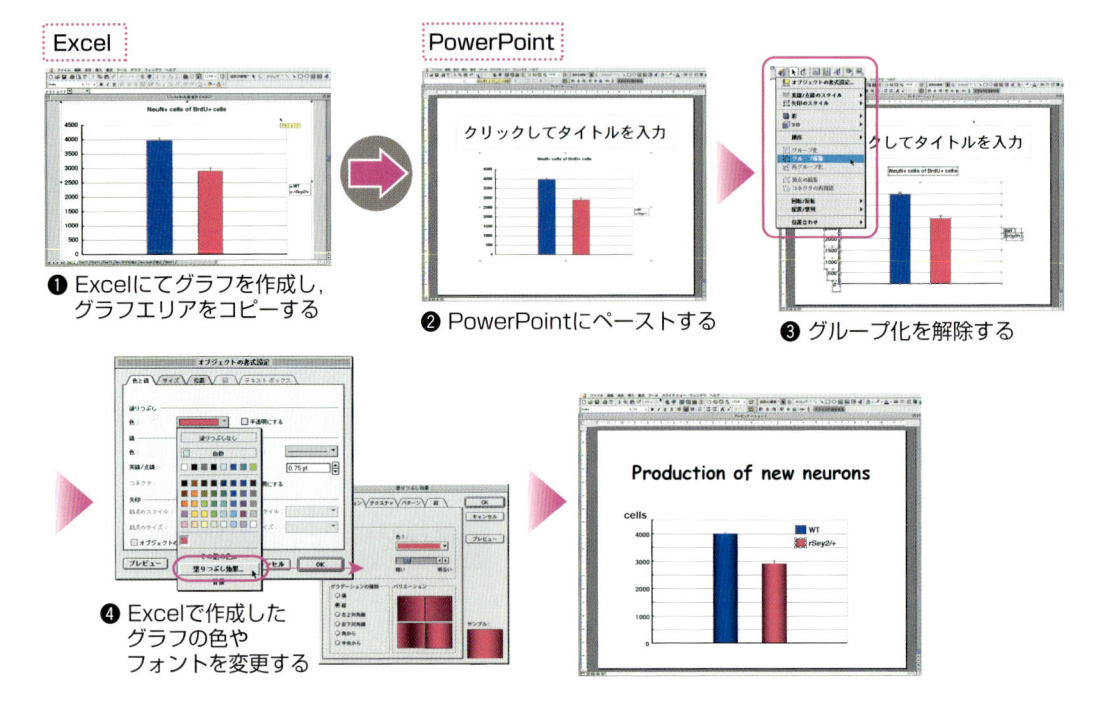

❶ Excel にてグラフを作成し，グラフエリアをコピーする
❷ PowerPoint にペーストする
❸ グループ化を解除する
❹ Excel で作成したグラフの色やフォントを変更する

第2章 基本編その1 プレゼンテーションアイテムの作成

さらにこれをPhotoshopなどで画像ファイルに変換する方がよいでしょう．これは論文の図についても同様です．必要に応じて図の説明するための「テキスト」をタイプしたり，スライド全体の表す内容をテキストとして入力します．

● 表

基本的には，ビジュアル系のプレゼンテーションをめざすのであれば，「表」として数字をみせるよりも，なるべく「グラフ」として表す方がわかりやすいのでおすすめです．どうしても数字をみせたい場合，あるいは数字を含まないような表の場合，「セル」（Excelファイル上のひとつひとつの枠）をすべて含む領域をドラッグして選択し，コピーします．これをPowerPointファイルのスライド上にペーストします．必要に応じて縦横比が変わらないように拡大もしくは縮小しましょう．

裏技として，表のセルを選択する際に，一回り外側の空白のセルを含むように選択しておくとよいでしょう．PowerPointファイル上で，［図形描画］ツールバーの［線の色］を黒などで選ぶと，表の外側が黒い線で囲まれてはっきりします．なお，Excelファイルを作成する場合のフォントはなるべく読みやすく一般的なもの（MacintoshならOsakaもしくはHelvetica Boldなど）にしておくと，コンバートの際のトラブルを避けることができます．必要に応じて図の説明するための「テキスト」をタイプしたり，スライド全体の表す内容をテキストとして入力します．

◆ Excelの表をPowerPointに移す

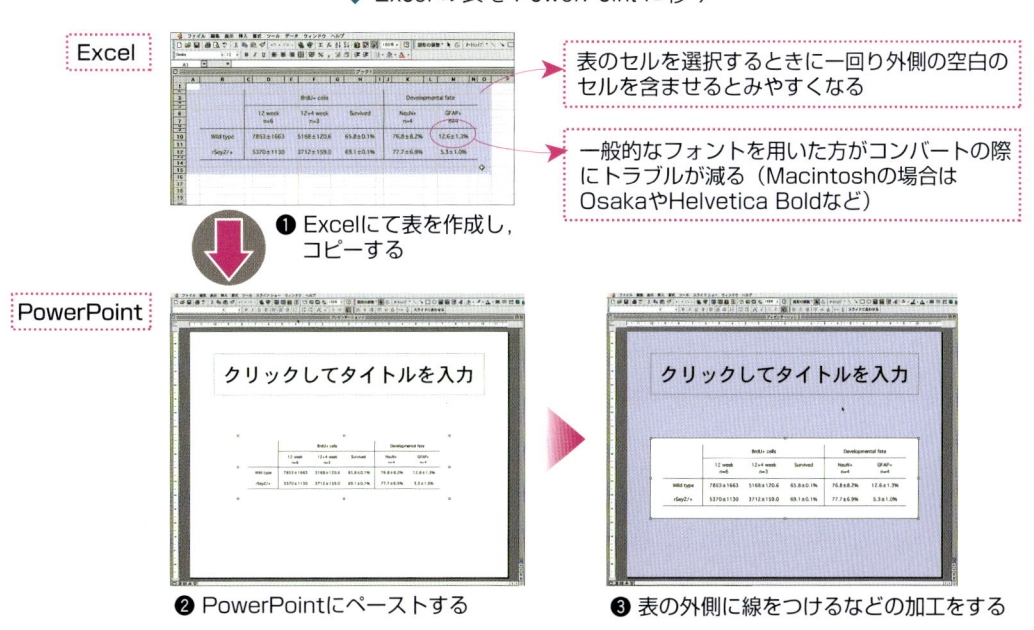

Excel

表のセルを選択するときに一回り外側の空白のセルを含ませるとみやすくなる

一般的なフォントを用いた方がコンバートの際にトラブルが減る（Macintoshの場合はOsakaやHelvetica Boldなど）

❶ Excelにて表を作成し，コピーする

PowerPoint

❷ PowerPointにペーストする

❸ 表の外側に線をつけるなどの加工をする

Acrobat Reader からのコンバート法

　他の論文のデータや模式図などを挿入する際に，その論文や総説のPDFファイルが手元にあれば，そこからコンバートするのが最も便利です．この場合に気をつけなければならないのは，普通のA4縦の全体がモニタの画面一杯にみえるような状態で画像のコピー＆ペーストをすると画質が非常に悪くなるという点です．PDFファイルをかなり大きく拡大しておいて図等を囲んでコピーし，PowerPoint上にペーストした後に必要があれば縮小することによってこれを避けることができます．また，著作権や版権は著者および出版社に属しますので，引用の際にはくれぐれも元論文のクレジット（著者，雑誌名，頁番号，発行年など）を明記することを忘れないようにしましょう．

どうして固まるの！？

　PowerPointに関して，筆者はたいへん素晴らしいソフトだと感激しています．唯一の問題点は，多くのMicrosoft系のソフトがそうなのですが，フリーズしやすいということです．筆者の経験では，次のような場合にコンピュータが固まるようです．

① PowerPoint割り当てメモリが足りない（Macintoshユーザのみ）．大きな画像を多数貼り込んでいき，ファイルサイズが大きくなっていくと，印刷のときなどにフリーズする．プレゼンテーションのときの読み込み時間の問題もあるので，1つのファイルサイズはどんなに大きくても20Mb程度に押さえたい．通常の学会発表などであれば，数メガで済むはずである．そうでない場合は，貼り込んでいる画像が重すぎる．

② 沢山のアプリケーションを同時に立ち上げている．特に電子メールの自動チェック（筆者はOutlook Expressを使用）とPowerPoint上での何かの動作が重なったときにフリーズするような気がする．何度もかなり痛い思いをしたので，現在ではスライド作成時にはこまめにファイルを保存し（これはどんなファイルにも必要なことであるが），その間メールは読まないようにしている．

③ 上記とも関連するが，Adobe系のソフトとの同時立ち上げは，やや気に入らないらしい．筆者は大きな画像ファイルをよく扱うので，PhotoshopやIllustratorの割り当てメモリがかなり大きいことも影響しているのかもしれない．ただし，これは画像挿入のときなどに同時に立ち上げておきたいことも多いので悩ましい．理想的には，JPEG圧縮などのPhotoshop上での作業を完全に終えてから，PowerPointの作業のみに集中するのがベストであることは間違いない．

第2章 基本編その1 プレゼンテーションアイテムの作成

ウェブサイトからのコンバート法

現在では，さまざまな最新情報がウェブサイトにアップデートされています．あるいはクレジットフリーな図案集などもあります．また学会発表で用いられることはあまりありませんが，セミナーなどにおいて自分の所属する研究機関のキャンパスや建物の画像などを最初や最後にみせたいと思うこともあるでしょう．このような場合にウェブサイトからのコンバートは有効です．ただし，くれぐれもクレジット（情報の出所とその権利）を明らかにすることを心がけましょう．場合によっては著作権の問題や版権の制限があることもありますので注意してください．

Macintoshの場合，［control］キーを押しながら取りこみたい画像の上にポインタを合わせると，［画像をコピー］というコマンドが表示されるので，そこに合わせてクリックすると，その画像がコピーされたことになります．これをPowerPointに戻って，挿入したいスライドの上でペーストします．大きさの変更などについてはすでに述べた通りです．ウェブ上の画像はたいていMacintoshでもWindowsでも開ける保存形式なので，このやり方で画像などを挿入してMacintoshからWindowsにファイルを変換してトラブルを生じた経験はありません．稀に元画像のサイズがかなり大きい場合などに，このやり方でうまくいかない場合がありますが，そのときは［画像をディスクにダウンロード］を選択し，いったん自分のハードディスクの中に適当な名前を付けて保存します．その後，上記のPhotoshopからのコンバートと同様に，［挿入］メニューから［図］→［ファイルから挿入］を選択し，目的の画像を貼り込めばよいでしょう．

> **memo 「スライドからのコンバート法」**
>
> スライドによるプレゼンテーションからデジタルプレゼンテーションに移行する際に問題となるのが，今まで持っているスライドの情報をどのようにしてPowerPointファイルに変換するかということである．理想的には，もとのデータアイテムを探して，もう一度PowerPointファイルのスライドに直した方がよいことは言うまでもない．ただし，時間的な問題がどうしてもある．
>
> 最も単純な方法は，スライドをフィルムスキャナで読み込み，画像ファイルに変換するというものである．この際に気を付けなければならないのは，画像解像度である．上記を参考にして画質が落ちないように気を付けなければならない．紙に印刷するのでなければ，およそ1200×800dpi程度が望ましい．CCDカメラの発展とともにフィルムスキャナはだんだん需要がなくなりつつあるので，今後新しいコンピュータでは動かなくなる可能性がある．そういう点からも，なるべく早くデジタルプレゼンテーションへ移行することをおすすめする．

❻ スライドの追加，コピー，削除，順番の変更，他のファイルからの挿入

　筆者は決して Microsoft 社の営業担当ではありませんが，PowerPoint の素晴らしい点は，1つのファイルの中でスライドの順番を変えたり，あるいは複数のファイル間でスライドをコピー＆ペーストして追加するなどが全くストレスなく行えることです．つまり，プレゼンテーションごとに適切なプレゼンテーションアイテムを作成することが簡便にできるのです．

　スライドを追加するには，［挿入］メニューから［新しいスライド］を選択しても構いませんが，［ツールバー］の［新しいスライド］アイコンをクリックする方が便利です．

　スライドをコピーするには，［スライド一覧表示］モードにし，目的のスライドを選択して，［編集］メニューから［コピー］を選択し，コピー先にカーソルを移動して［ペースト］を行います．短縮メニュー（［コマンド］＋［C］＆［コマンド］＋［V］など）によってコピー＆ペーストしても同様です．あるいは Macintosh であれば，［option］キーを押しながら目的の場所にカーソルを動かせば，そこにスライドがコピーされます．

◆ 新規スライドの挿入

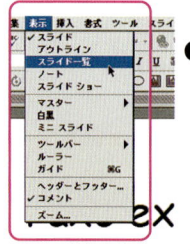

❶ 表示モードをスライド一覧にする

❷ 新しくスライドを挿入したい箇所にカーソルを合わせ［新しいスライド…］を選択

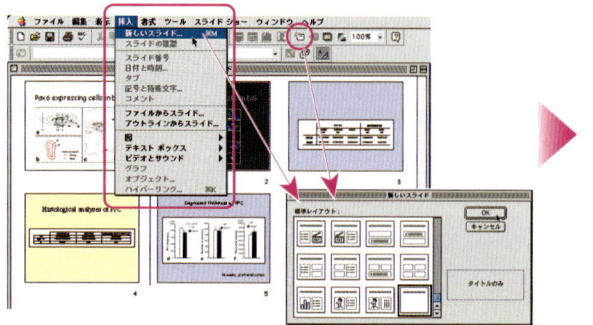

❸ スライドのレイアウトを選択

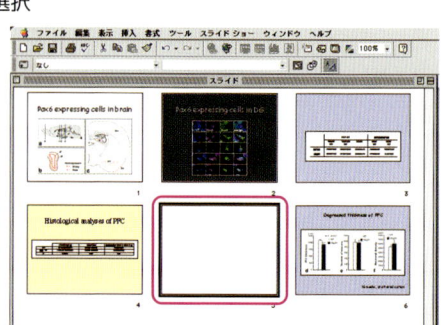

❹ 新規のスライドが挿入される

第2章 基本編その1　プレゼンテーションアイテムの作成

　スライドを削除するには，［スライド一覧表示］モードにし，スライドを選択し，［delete］キーを押すか，［編集］メニューから［スライドの削除］を選択します．

　すでに作成した他のPowerPointファイルから必要なスライドを挿入する場合は，コピーもととコピー先の2つのファイルを［スライド一覧表示］モードで開いておき，コピー＆ペーストするのが最も簡単です．Windowsの場合には同時に2つのファイルを表示できませんが，「最小化」しておけばそんなに難しいことではありません．［挿入］メニューの［ファイルからスライド…］を使うよりも，筆者はこちらをおすすめします．

◆ スライドのコピー

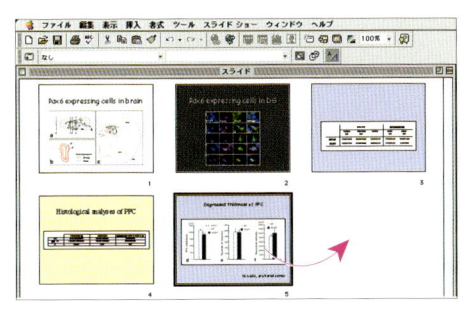

❶ 表示モードをスライド一覧にする
❷ 目的のスライドを選択し，
　［option］を押しながらドラッグする

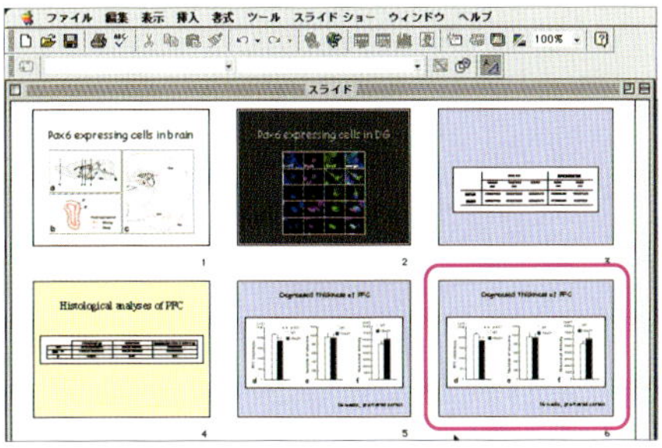

❸ ドラッグ先にコピーができる

◆ 他のファイルからスライドを挿入

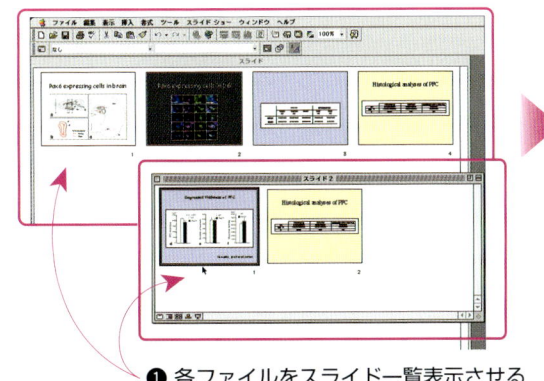

❶ 各ファイルをスライド一覧表示させる
❷ コピーもとのスライドを選択しコピーする

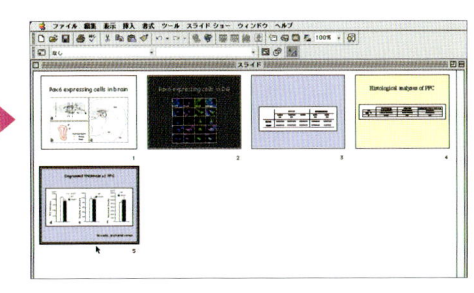

❸ コピー先のファイルにペーストする

❼ アニメーション

PowerPointではテキストやオブジェクトの表示および画面全体の切り替えに関して，アニメーション効果を与えることができます．これは従来なかったデジタルプレゼンテーションの強みです．沢山の「効果」が用意されていますが，それぞれについては実際にスライドショーしてみるのが一番わかりやすいでしょう．巻末に参考書として掲げている『デジタルプレゼンテーション』（秀潤社）には，いろいろな技がとても詳しく解説されていますので，参考にしてみてください．

ただし，例えば発表時間が10分しかないようなプレゼンテーションでは，アニメーションを使っていると時間を余計に取られて，肝心のデータを沢山示すことが難しくなります．また，アニメーションの頻度が多すぎたり，いろいろな種類のものを多用すると，プレゼンテーションの品がなくなるので要注意です．

◆ PowerPointのアニメーション効果

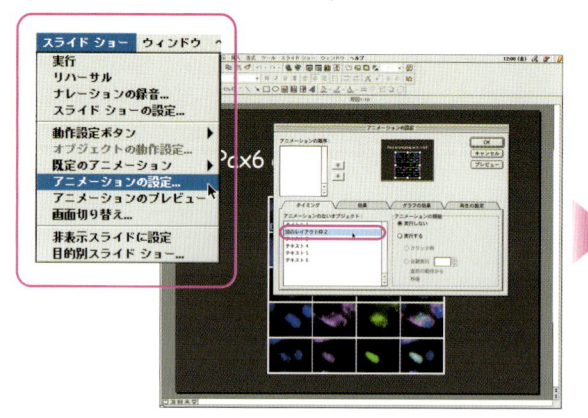

❶ アニメーションを適用させたいオブジェクトを選択

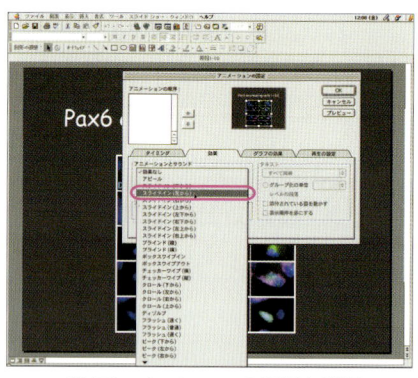

❷ アニメーションの種類を選択

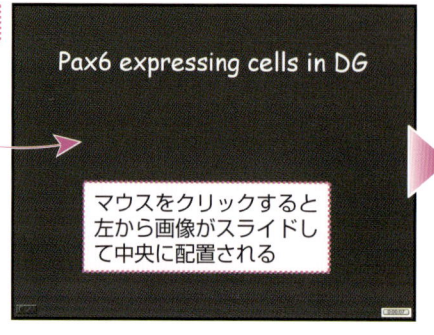

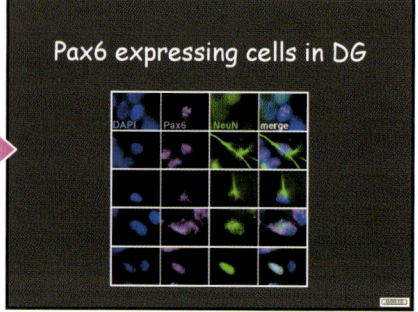

実行すると…

Pax6 expressing cells in DG

マウスをクリックすると左から画像がスライドして中央に配置される

Pax6 expressing cells in DG

❽ わかりやすいスライド作成の原則

すでにこれまでも述べてきましたが，みやすく読みやすくわかりやすいプレゼンテーションアイテムを作成するには，いくつかのキーポイントがあります．

1ポイント／1スライドの原則

プレゼンテーションではあなたの声による聴覚的な意思伝達とともに，スライドが視覚的な伝達において重要な役割を果たします．1枚のスライドにデータを盛り込み過ぎないように注意し，主張したいポイントを1つに絞ることが最も重要です（下図参照）．データを示すスライドにも，必ず内容を一言で表すテキストを入れるべきです．またそれは，例えば「X遺伝子の発現変化」という書き方ではなく，「X遺伝子の発現は生後減少」などの方が，より正確な内容が聴衆に伝わりやすいと言えます．

◆ みやすいスライドの修正例1

修正前 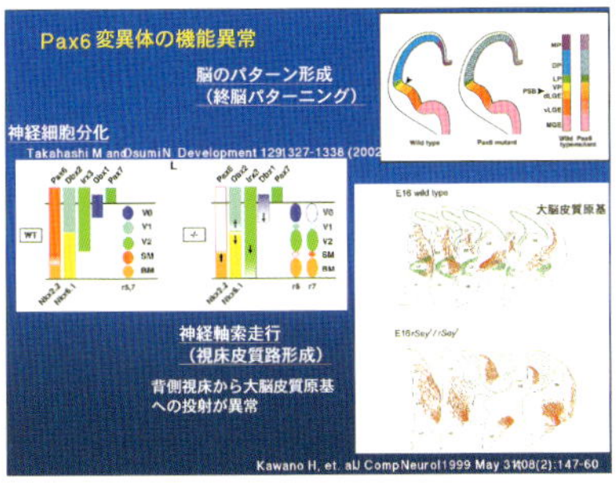
×データを盛り込みすぎ

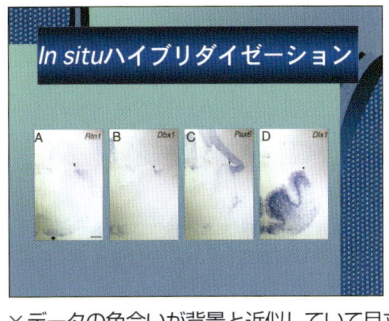

×データの色合いが背景と近似していて目立たない
×背景が煩雑すぎる
×タイトルが内容を表していない

修正後 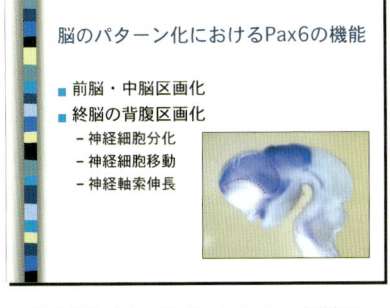
○主張したいポイントを1つに絞る
○階層性のあるテキストにする

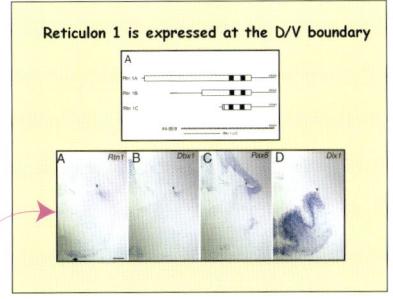

PowerPointに張り込む前にIllustratorなどで組み写真にしてから挿入するとよい

43

ビジュアル化の原則

あなたにとっては自分のデータは何度も何度もみているでしょうが,あなたのプレゼンテーションを聞いている・みている聴衆は,おそらく初めてのデータをみせられていることでしょう.せっかくあなたの発表を聞きに来てくれた聴衆に短時間でデータを理解してもらうために重要なのは,なるべくビジュアル化することです.細かい数値を出すことは,論文発表では必要かもしれませんが,口頭発表ではなるべくグラフとして視覚的に表すべきです(下図参照).同様に,長い文章は直感的な理解には不適切であり,箇条書きの方が望ましいと言えます.ただし,1スライドに入れる行数は多くて6～7行までです.また,背景に対して明瞭にみえる色使い,文字の大きさなども重要なポイントとなります.タイトルが2行にまたがることも,ビジュアル化にとってはマイナスです.そういう場合は2つに分けて,副題は文字サイズを小さくするとよいでしょう.

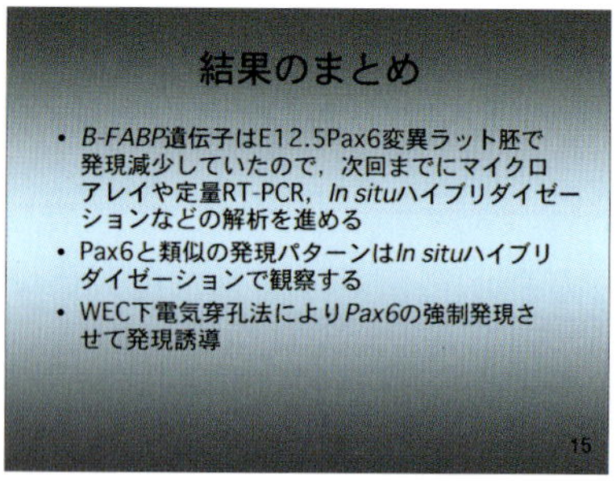

◆ みやすいスライドへの修正例2

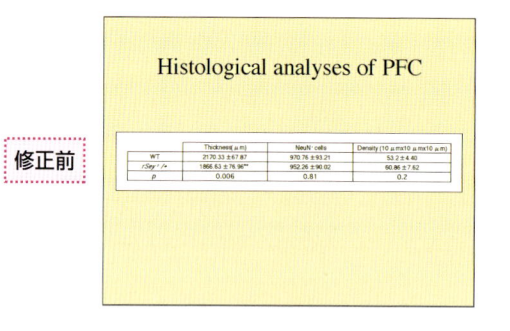

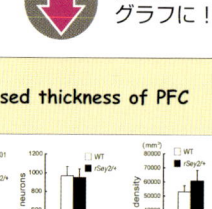

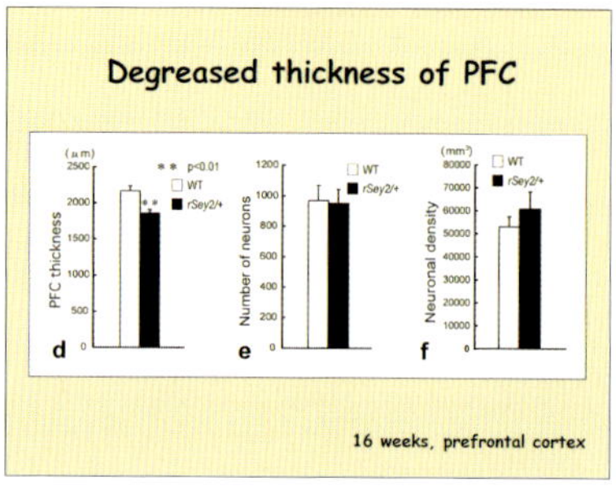

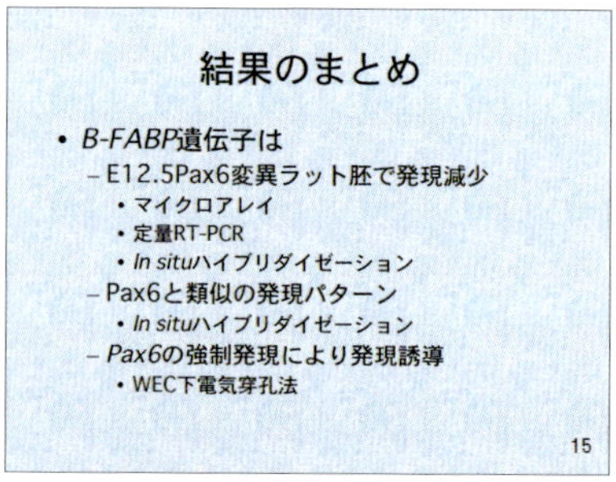

第2章 基本編その1 プレゼンテーションアイテムの作成

統一性の原則

　プレゼンテーション全体に統一感がないと，聴衆は無意識レベルで余計なことに気を取られてあなたの発表のポイントを掴みにくくなります．例えば，スライドの背景は可能な限り一定である方が統一感があります（ただし，例えば示したいデータが蛍光顕微鏡の画像などで暗い場合には，それまでの明るい背景から黒か濃いグレーに変える方が望ましいでしょう）．テキストのフォントがやたらに変わったり，色数が多すぎるのも統一性に欠けることになります（下図参照）．生命科学系のプレゼンテーションではあまりありえませんが，箇条書きテキストのスライドが連続する場合には，スライド間で文字の表示位置やサイズが変わらないように，「スライドマスター」を使用すべきです．また，アニメーションの仕方が頻繁に変わるとみていて疲れます．英語と日本語の併用も，できれば避けた方が統一感があります．

◆ みやすいスライドへの修正例3

修正前

B-FABP
(brain fatty acid binding protein)
・不飽和脂肪酸（DHAなど）と結合する脂肪酸結合タンパクファミリーの1員
・脳型以外にも上皮，肝臓，心臓，小腸型などが存在
・血液中から脂肪酸を細胞内に取り込み細胞内輸送する役割
・シグナル伝達や遺伝子発現制御にも関わる

×箇条書きの各項目が1行以上にまたがる文なので読みにくい
×色が多すぎて煩雑
×余白のバランスが悪い

修正後

B-FABP (*fabp7*)
(brain fatty acid binding protein)
・脂肪酸結合タンパクファミリー
・脳型以外に上皮，肝臓，心臓，小腸型
・脂肪酸の細胞内取り込み・細胞内輸送
・シグナル伝達・遺伝子発現制御

HoloIntestinal Fatty Acid-Binding Protein (I-FABP) with palmitatebound.
From HP of Washington University Protein Structure Core Facility
http://dtrec.wustl.edu/psmgcore.html

○できるだけ簡素に！
○その分サイズは大きく

○Webからダウンロードした場合はクレジットを明記！

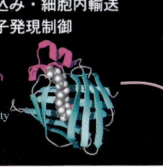

○関連した図を加えることにより画面に動きが出る

背景色の選び方のポイント！

最終的なプレゼンテーションアイテムのスタイルが35mmスライドの場合には背景色は黒や紺などの暗色（黒っぽい色）にしなければみにくいですが，OHPシートは無色もしくは明色（白っぽい色）の必要があります．デジタルプレゼンテーションでは，会場の明るさによって，明るい場合（比較的小さな会場）は明色で，暗い場合（大きな会場の割に液晶プロジェクタの光度が足りない場合）は暗色にした方がよいでしょう．

色相は人の心理に無意識レベルで作用します．基本的に暖色系（赤，ピンク，オレンジなどの色）はアドレナリンの分泌を上昇させる働きがあり，覚醒レベルが高くなります．逆に言うと落ち着かなさを与えることにもなりかねません．逆に寒色系（青，緑など）は心を落ち着ける作用がありますが，寂しい印象にもなりえます．

テキストのみのスライドでは，目に優しい背景ならグラデーションやパターンがあるとなごめるでしょう．この場合はPowerPointに用意されている「デザインテンプレート」を使っても構いません．これに対して，データを示すスライドでは，背景に気が散らないように，白，グレー（グレーのグラデーションも可），黒などを選択すべきです．蛍光顕微鏡などの暗い画像を示す場合は，濃いグレー〜黒の背景が適切です．明るい画像の場合は薄いグレー〜白で構いません．

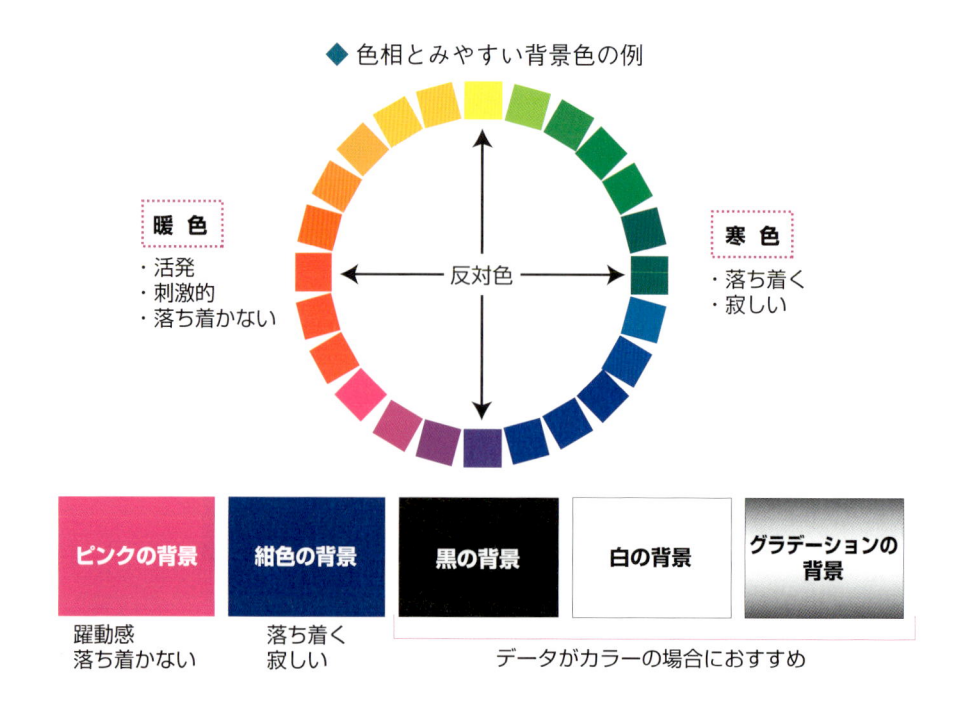

◆ 色相とみやすい背景色の例

暖色
・活発
・刺激的
・落ち着かない

寒色
・落ち着く
・寂しい

反対色

ピンクの背景	紺色の背景	黒の背景	白の背景	グラデーションの背景
躍動感 落ち着かない	落ち着く 寂しい	データがカラーの場合におすすめ		

第2章 基本編その1 プレゼンテーションアイテムの作成

　紺色のバックはもともとの「ブルースライド」時代の名残りで，デジタルプレゼンテーションの時代においては必ずしも適当とはいえません．グレースケールと異なり紺色には「色相」があるので，反対色（混ぜ合わせると明度に応じたグレースケールになる色）は強められますが，近似色（例えば in situ ハイブリダイゼーションの発色などの青〜紫）は目立たなくなります．

　背景のパターンが煩雑であったり，その色が頻繁に変わると，聴衆は無意識レベルで疲れてしまいます．したがって，PowerPointで用意されている「デザインテンプレート」を用いる場合は，極力テキストのみのスライドに留め，データのスライドの際には，背景の上にスライド全体を覆う四角形をかぶせ，それを背景とした方がみやすいものになります．

適切なスライドの枚数

　旧「35mmスライド」時代は，1分1枚のスライドが標準と言われたものでした．しかし新「PowerPointスライド」時代において，このスタンダードは変わりつつあります．なぜなら，PowerPointスライドは簡単に作成できるので，Questionを明確にするときなどにテキストのみのスライドを挟み込むことも可能であり，さらにスライドの切り替わりの時間的ロスがほとんどない（アニメーション切り替えを使わない場合）ので，その分余計にデータを示すことも可能だからです．聴衆のバックグラウンドが遠い場合は，1枚のスライドを十分に活用して話さなければなりませんが，通常の学会発表であれば，1分当たり1〜2枚の「PowerPointスライド」が適切と思われます．最も重要な点は，上記に掲げたように「1枚のスライドで示すポイントが1つ」になるようにすることです．

色覚バリアフリーに関する考慮

　日本人男性の5％（300万人）は赤や緑の混じった特定の範囲の色について，差を感じにくいという視覚特性をもっており，これは通称「色盲」と呼ばれています．もしプレゼンテーションの会場に男女同数で100人いたら，2〜3人程度の人にはいわゆる「赤」や「緑」がほとんど「グレー」のようにみえている，ということを考えたことはあるでしょうか？色覚バリアフリーなプレゼンテーションをめざすのであれば，「赤」の代わりに「マゼンタ」を用いる，区別が必要な情報を色情報だけで識別させないなどの工夫をするとよいでしょう．詳しくは下記ホームページを参考にしてください．

http://www.nig.ac.jp/color/index.html

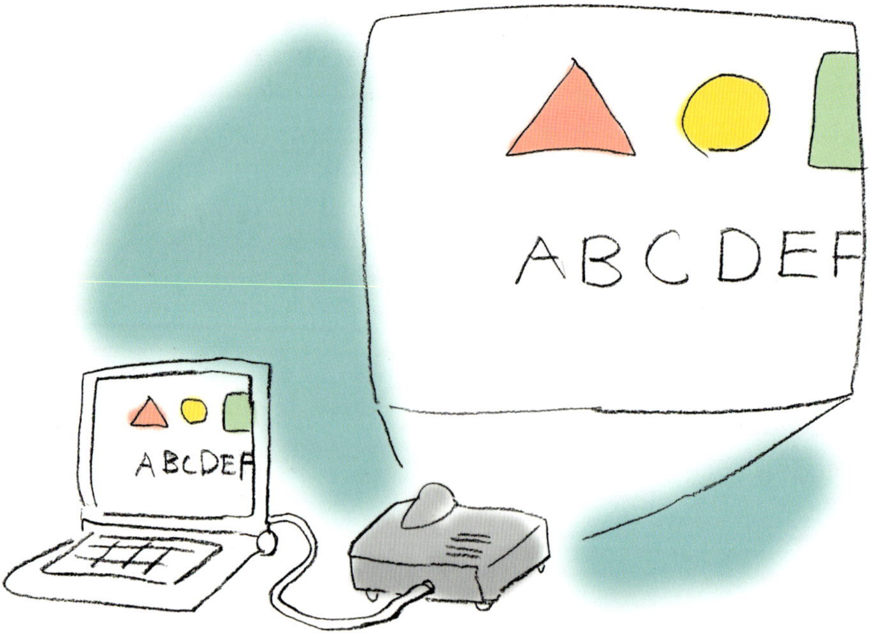
ABCDEF
ABCDEF

第3章
＜基本編その2＞
リハーサルと本番

前章はさまざまなプレゼンテーションに共通することとして，プレゼンテーションアイテムの準備について述べました．本章ではプレゼンテーションアイテムを用いた発表のリハーサルと本番についてアドバイスしましょう．

❶ プレゼンテーション態度のキーポイント

プレゼンテーションアイテム≠発表

　よいプレゼンテーションアイテムはよいプレゼンテーションのために必須であることは前回述べました．ではそれさえあれば完璧かというと，実はそうではありません．ある調査によると，「言葉 verbal，声 vocal，みた目 visual」のうち，「言葉」によって伝わる部分は全体のなんと7％しかなく，残りが「声」と「みた目（態度）」から伝わるとされているのです！ つまり聴衆にとっては内容そのもの以外の情報からも，あなたのプレゼンテーションを理解することになります．もし，発表者の姿がなく，スピーカーからの声だけでスライドをみたとしたら，内容はどれほど伝わるでしょうか？ 学会発表ではプログラムや抄録集をみて，「こんな研究をしているのは，どんな人だろう？」と期待して来るものです．

よいプレゼンテーションのポイント

　よいプレゼンテーションとはどのようなものだったでしょうか？ 第1章で触れた「よいプレゼンテーション10カ条」をもう一度思い出してくださいい．

●よいプレゼンテーション10カ条

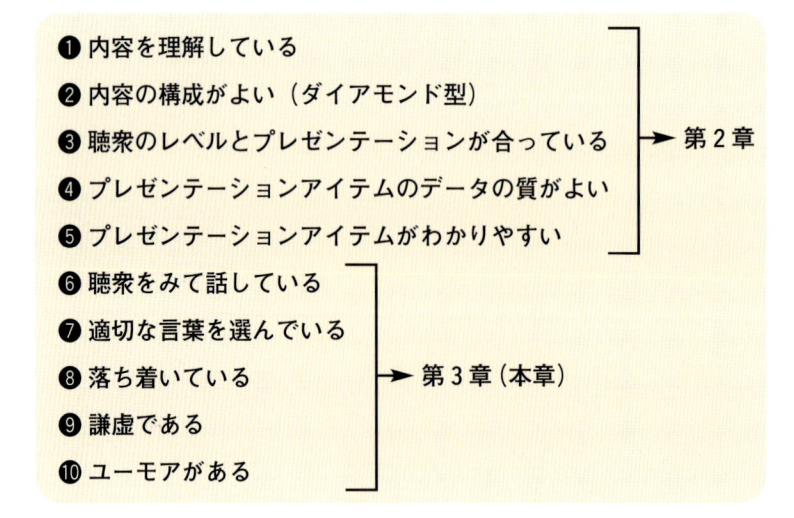

❶ 内容を理解している
❷ 内容の構成がよい（ダイアモンド型）
❸ 聴衆のレベルとプレゼンテーションが合っている
❹ プレゼンテーションアイテムのデータの質がよい
❺ プレゼンテーションアイテムがわかりやすい
　　　　　　　　　　　　　　　　　　　　→ 第2章

❻ 聴衆をみて話している
❼ 適切な言葉を選んでいる
❽ 落ち着いている
❾ 謙虚である
❿ ユーモアがある
　　　　　　　　→ 第3章（本章）

　このうち前半5カ条はプレゼンテーションアイテムを準備する段階に考慮すべきポイントであり，すでに前章で扱いました．後半5カ条が実際の発表にかかわります．以下にその内容について詳しく説明しましょう．

第3章 基本編その2 リハーサルと本番

聴衆をみて話す

　よく聞く言葉として「聴衆はカボチャだと思え」ということがあります．「あがらないように」というアドバイスからなのでしょうが，筆者はこれは大きな間違いだと思います．あなたは決して「カボチャ」相手に学会発表するのではありません．相手は興味をもって聞きに来てくれた「人間」なのです．あなたは（機械の）スピーカーになるのではありません．その聴衆と「心を通わせる」ことが最も大切なのです．

　何よりもあなたは聴衆に「私の言うことを信用してください」というメッセージを伝えなければならなりません．そのためには，相手の目をみる（アイ・コンタクトする）必要があります．まさに「目は心の窓」なのです．アイ・コンタクトしながら発表すると，発表自体はフォーマルでありつつも，1対1のようなリラックスした人間的な雰囲気が生まれます．そうすると，自然にジェスチャーを伴うことができ，また声のバラエティーなどによって発表が生き生きとしたものになります．その結果，聞き手の興味や関心をかきたてることができ，より相手にメッセージを伝えることが可能となるのです．

　口頭発表の場合，思わずスクリーンに向かって喋り続けていることはありませんか？　あなたが語るべき相手はスクリーンではなく聴衆です．アイ・コンタクトは1秒では短すぎますが，5秒以上長いとアイ・コンタクトを受けた人に逆に攻撃的なメッセージとして伝わってしまいます．また1人の人とだけアイ・コンタクトするのは避けなければならなりません．なぜなら，あなたの発表の間中ずっとアイ・コンタクトされ続けている人は居心地が悪くなってしまうでしょうし，その他の人はあなたのアイ・コンタクトを受けることができず「無視されている」ように感じるからです．部屋をだいたい前後左右で4分割，もしくは9分割し，各ブロックの中の誰か1人と

アイ・コンタクトするようにしましょう．もし部屋の中に10人しかいなかったら，その人々全員とアイ・コンタクトすればよいのです．

　ポスター発表の場合も，ポスターの方だけを向いていてはなりません．聞きに来てくれた人が1人だったら，ポスターを指しながら説明する合間にその人の方を向いてアイ・コンタクトしましょう．聴衆が複数いたら，その人たち全員と順番にアイ・コンタクトすべきです．

適切な言葉を選ぶ

　サイエンスでは正確に事実や意見を伝えることが重要であり，そのためには適切な言葉を選ぶ必要があります．専門用語はまさにそのためのものです．ただし，書き言葉と話し言葉は違います．プレゼンテーションでは「聞き取りやすい言葉」を心がけなければなりません．日本語の中で「漢語」には同音異義語が多数あるので，これらを使う場合には特に注意すべきです※．「和語（やまと言葉）」で伝えられる場合にはその方がベターでしょう．特に聴衆が専門家ではない場合には，極力専門用語を避けるか，専門用語を使う場合に，その定義をはっきりさせておく必要があります．また1回のプレゼンテーションの中では違った用語を使わずに，統一することを心がけましょう．

※例えば発音が「しんけいかんさいぼう」と表記される用語には「神経冠細胞」「神経管細胞」「神経幹細胞」と3つもある．もし「神経冠細胞」の意味で使いたい場合には，同じ意味である「神経堤細胞（しんけいていさいぼう）」の方がベターである．あるいは「ニューラルクレスト（neural crest）細胞」と英語にする手もある．「神経管細胞」と「神経幹細胞」は若干アクセントが異なるのだが，アクセントを意識しない人には区別が難しいかもしれない．スライドの中にこのような専門用語がテキストとして書かれていることが望ましい．

また，ビギナーにありがちなのですが，「事実」と「考察」はきちんと分けて話す必要があります．自分の得た結果と文献から得られた結果，自分の考えた考察と他の論文の中で筆者が述べている考察，これらの混同はサイエンティストとして絶対に避けなければなりません（巻末の付録「①プレゼンテーション用語集」参照）．

> **memo　「発表原稿書く？ vs 書かない？」**
>
> 　筆者は基本的に母国語の発表に関して「発表原稿」を書くことはすすめない．それは前述のように，「書き言葉と話し言葉は違う」からである．自分の頭を整理したり，話すべきポイントを忘れないようにするためにメモを作成し，キーワードを書いて頭に入れることは意味があるだろう．しかしながら，書いた原稿を読むと，聴衆とアイ・コンタクトしにくくなり，どうしても平坦な発表になりがちで，聴衆は退屈するものである．これは原稿を「丸暗記」した場合にも生じやすい弊害である．また発表原稿を書く作業そのものには，かなり時間がかかるものであり，その時間があったら声に出してリハーサルをした方がよい．発表原稿を書くべき場合があるとすれば，発表時間が極端に少なく（例えば5分など），言いよどんでいると持ち時間がなくなってしまうようなケースである．また，国際会議などでの英語の発表に関して，発音をチェックするために発表原稿を用意するということは個々の英語力にもよるが，ビギナーの初期トレーニングとしては必要かもしれない．

落ち着いて発表する

　発表者が落ち着いていないと，聴衆も落ち着かない気持ちにさせられ，あなたの発表に対して否定的な気持ちになりがちです．よい結果を得て，入念な準備をしてプレゼンテーションアイテムを作成したのであれば，後は自信をもって発表しましょう．上ずった声は落ち着きがなく感じられるので，声は心持ち低めにするくらいがちょうどよいと思われます．腹式呼吸をして，お腹の方から声を出すようにしましょう．自分の声が自分でちゃんと聞こえていれば大丈夫です．またポインターの先が定まらずグルグルと回ってしまうのはよくあるケースですが，必要なときに必要なところだけ指すように心がけましょう．

> **memo　「あがらないコツ」**
>
> 　「あがる」ということは，来るべきストレスに備えてアドレナリンがどっと分泌され，心拍数が上昇し，発汗している生理的状態である．これは準備態勢としてきわめて自然なことであり，適度な緊張感はむしろ好ましいくらいである．「自分は本番であがりやすい」ということをネガティブに思っている人は，「あがるということは身体が準備している状態だ」と捉えるようにしよう．アドレナリンの分泌は 10 分も続くわけではない．
>
> 　口頭発表の場合には，セッションの合間の休憩時間などに，自分が発表する会場の様子と機材をチェックしておこう．会場がどのくらいの広さであるか，演壇から聴衆がどのようにみえるかを知っておくだけで，あがるのを避けられるメリットがある．また，マイク（手持ちかピン型か）やポインター（どこのボタンがスイッチか）なども調べておくとよい．

謙虚である

　傲慢な態度は聴衆の反感を買います．反感を買えば，あなたの発表はどんなに内容が素晴らしくても疑いの眼差しを受けることになります．自分の知らないことに対して謙虚な態度で臨み，語りかける相手に対するリスペクトをもって発表しましょう．学会やセミナーをオーガナイズし，リードしてくれる座長に対するリスペクト，研究上でお世話になった共同研究者に対するリスペクトもまた同様です．この場合の謙虚さとは英語で言うと「polite」というよりは「modest」という言葉に近いものです．卑屈になってはいけません．

ユーモアがある

　シンポジウムなどのイントロでは，発表に慣れた演者であればジョークの 1 つくらいを言ってからはじめることもありますが，ビギナーの発表では，普通，時間的にもそのような余裕はないでしょう．しかしながら，ユーモアのある発表というのは聞いていて好ましい感じがするものです．ただしあなたはお笑い芸人ではないのですから「笑いを取る」ことが目的なのではありません．せっかく自分の発表を聞きに来てくれた聴衆に和やかな気持ちになってもらうことが重要なのです．そうすれば，あなた

の話す内容が相手により伝わりやすくなります．例えばスライド中の模式図に描かれたネズミのかわいい表情なども，ユーモアを表現するのに役立つでしょう．

> **memo 「ポインターの効果的な使い方」**
>
> ポインターを使う場合は以下の2つのようにすると効果的である．
> ①大事な部分を2，3回丸く囲む（キーワード，データともに）
> ②テキストの重要な部分を，下線を引くようになぞる
>
> どちらの場合も．「… このように」などという言葉に合わせてタイミングよく指し示すことがコツである．ポインターの先がぐるぐる回ったりすると，落ち着かない印象を受ける．さらに，スクリーンを指しているとき以外はスイッチを切る習慣にしよう．無意識にポインターで聴衆の方を指してしまうケースがあるが，これは指された人がレーザーで失明する可能性もあり，大変危険なので絶対に避けなければならない．ポインターによっては「点」以外に「線」「円」などが選択できるものもあるが，「点」が最もみやすい．また点滅するタイプも避ける方がよい．

落ち着いてみせるには？

以下のような癖はかなりよくみかけるのですが，聴衆には自信がないように映ります．
・体の一部を何度も手で触る（髪，眼鏡など）
・下を向いて話す
・語尾がはっきりしない

このような態度は無意識に出てしまうことなのですが，よいプレゼンテーションのためにはなるべく避けたいものです．リハーサルを行って，他の人に確認してもらうとよいでしょう．ビデオに撮って自分でも確認できるとなおよいと思います．

手持ち無沙汰になった手がどうしても勝手に動くようであれば，例えば男性なら少々謙虚さにはかけるかもしれませんが，ポケットに手を入れてしまうのもひとつの手でしょう．あるいは演壇の机に手を触れておくこともよいと思います．ボディランゲージとして自然なジェスチャーをするとよいでしょう（例えば何かの値が上昇していることを述べるときに，ポインターを持っていない方の手を上げるなど）．また，下を向かずに適度にアイ・コンタクトすることを心がけましょう．仮にメモなどを持って演壇に上がっている場合も，ちらっとみて確認したら，聴衆をみて話すようにすべきです．また，日本語は最後まで述べないと肯定文か否定文かもわからない言語であることを理解し，語尾はなるべくはっきり言う習慣をつけましょう．

❷ リハーサルは必須

早めに準備する

　よいプレゼンテーションをしたいと思ったら，とにかく練習することが大切です．そのためには，十分余裕をもってプレゼンテーションアイテム（PowerPointファイルやポスターなど）を作成しなければなりません．自分のコンピュータを用いたPowerPointによる発表であれば，実際には発表直前まで修正可能ですが，ビギナーにはあまり直前で変更しないことをおすすめします．あくまで最終発表のアイテムを用いて練習すべきです．そうでないと発表時間が狂ったりする場合もありえるからです．また，変更したスライドの誤字脱字などを発表の現場で発見すると，かなり焦ってあがってしまうこともあります．

本番に近いスタイルで行う

　練習はできるだけ実際の発表に近いスタイルで行いましょう．基本的に立って話すべきですし，できれば研究室のメンバーなどに聴衆として参加してもらうとよいでしょう．研究室によっては，学会発表に合わせてリハーサル（予行）の日取りが決められ，メンバー全員でプレゼンテーションを聞くこともあります．これはプレッシャーがかかりますが，その分とてもよい練習となります．

他人の前で行う

　聴衆役がいる場合は，質疑応答の練習もすべきです．サクラの質問であっても，簡潔に答えるのは実は難しく，トレーニングが必要です．さらに自分のプレゼンテーション態度がどのように映るかについても，コメントをもらいましょう．髪の毛を触るなどの癖があることが，自分では気が付いていないかもしれません．

1人の場合はイメージトレーニングする

　自分1人で行う練習も，あたかも実際の発表の場にいるつもりで，イメージトレーニングを行うとよいでしょう．口頭発表の練習であれば，ポインターも使ってみましょう．可能ならマイク（もしくはその代わりのもの）もあるとよいでしょう．特にデジタルプレゼンテーションを行う場合には，コンピュータ操作，ポインタ操作，マイク持ち，と少なくとも3つの作業を2本の手でこなさなければならないので，練習段階で自分のやりやすい方法をみつけておくことが大切です．

第3章 基本編その2 リハーサルと本番

発表時間が短いほど練習が必要

　基本的に，発表時間が限られている場合ほど，リハーサルを行う価値が大きいと言えます．セミナーなど40分以上のプレゼンテーションであれば，プレゼンテーションアイテムさえきちんと準備すれば，比較的楽に時間調整できるものです．それでも，アニメーション操作の間違いや誤字脱字の見落としなどがありえますから，おっくうがらずに液晶プロジェクタで大きな画面に投影して確認することをおすすめします．

●リハーサルのポイント

❶ プレゼンテーションアイテムは早めに準備
❷ できるだけ本番に近いスタイルで行う
❸ できるだけ他人の前で行う
❹ 1人の場合はイメージトレーニング
❺ 発表時間が短いほど練習が必要

❸ 重要な質疑応答

　セミナーなどでは発表の途中で聴衆からの質問に答えることもありますが，学会発表などのよりフォーマルなプレゼンテーションでは，プレゼンテーションの間は情報の一方通行であり，質疑応答の時間になってはじめて相互通行になります．したがってプレゼンテーションと同じくらい，あるいはそれ以上に質疑応答の時間は重要なものです．質疑応答で大切なポイントは以下の通りです．

質問の内容を正確に理解する

　質疑応答で最も重要なのは，まず質問の主旨を正確に捉えることです．質問の意味がわからなかったら，それを問いただしてから答えてもよいでしょう．よくわからないままに的外れな答えをするのは，絶対に避けるべきです．質問した人にも，あなたとのやりとりを聞いている人たちにも，あなたが内容を理解していないということが伝わってしまいます．

「Yes/No question」vs「What/How question」

　質問は「Yes/No」で答えられるものと「What/How」を述べなければならないものに分かれるはずです．前者に対しては，まず「Yes」（質問の内容に対して肯定的）なのか「No」（質問の内容に対して否定的）なのかを質問者に知らせるべきです．日本語の「ハイ」は単なる相槌としても使われ曖昧な面があるので，この点を理解していない人が多いようです．また日本語の文法上の問題から，どうしても「結論」の部分が文の最後になってしまうので，前置きが長くなると，質問者や聴衆はあなたの答えがどこに向かっているのか不安なままに聞かなければならず，これはストレスを生じます．

> **memo　「疑問型で答えるのはやめよう」**
> 　質疑応答を耳にしていて好ましくないと思う例として，「疑問型で答える」ということがある．「お尋ねの遺伝子Ｘの発現↗，についてですが，私たちは in situ ハイブリダイゼーション↗，で確認をしており…」などのように，「……↗，」というところで語尾が上がるケースがこれに相当する．各フレーズの終わりでいちいち語尾が上がると，まるで話していることに自信がないような印象を受けるのでやめた方がよい．

第3章 基本編その2 リハーサルと本番

簡潔に答える

質疑応答の時間が限られている口頭発表では，また時間に余裕のあるポスター発表であったとしても，質問には可能な限り簡潔に答えましょう．質問してくれた人，質疑応答を聞いている聴衆の時間を無駄に使ってはいけません．最初にいろいろな「言いわけ」をすることは避けるべきです．ほとんどの質問に対して，1センテンス，もしくは2センテンスで答えられるはずです．3センテンス以上の答えは，聴衆にはほとんど永遠のようにとても長く感じられるものです．

恐怖の無言時間

質問の内容がわからない，あるいはよい答えがみつからない場合に，ただ黙っていることだけは絶対に避けてください．あなたにとっては「一瞬」考えているつもりなのでしょうが，聴衆にはほんの数秒の沈黙でさえも，重苦しい気分になってきます．例えば相手の質問を繰り返しながら，その間に答えを考えるようにすべきです．巻末付録も参考にしてみてください．

質疑応答のメモを残そう

　口頭発表が終わった直後に，またポスターでのディスカッションが終わったら，なるべくすぐに，質問や討論の内容をメモに残しておくべきです．自分や共同研究者が全く気付かなかったことを指摘されることもあるし，また質問に答えながら新たなアイデアが浮かぶことも多いものです．これらは次の研究の展開や論文執筆において非常に役立つことになるのです．これはリハーサルのときも同様で，質問事項をメモし，完璧にそれに答えられるように練習しましょう．

> **memo　「よい質問をするには？」**
>
> 　発表だけでなく，実は質問する方も一種のプレゼンテーションである．口頭発表のときにフロアからよい質問をすれば，「あのスマートな質問をした人は，どこの誰？」と話題になるだろう．
>
> 　よい質問をするにも実はコツがある．まずあらかじめ抄録（要旨）をよく読んで予習し，疑問な点などを明確にしておく．そのポイントに対して，実際の発表がどうであったかに意識を集中させて発表を聞く．そして，座長が「…では，ただいまのご発表に質問があれば…」と言った瞬間に手をあげよう．躊躇すればするほど，心理的にも質問しにくくなるものであり，またあなたと同じ質問を先に誰かにされてしまうかもしれない．
>
> 　学会などで質問したいと思った発表のあるセッションでは，なるべくマイクの近くで，さらに手をあげたときに座長からよくみえる位置に座るようにするのがポイントである．例えば座長の席が演壇に向かって右側なのであれば，会場の前列〜中央までの，やや左側の方がよくみえるだろう．質問者が続くときには，マイクの近くに立って待つ．指名されてからようやくマイクの前に向かって歩きだしたのでは，皆の貴重な時間を無駄に使うことになる．

❹ デジタルプレゼンテーションに慣れておこう

　これまで述べたリハーサルや本番における発表態度は，どのようなプレゼンテーションアイテムを使う場合も共通ですが，筆者はこれからのプレゼンテーションとしてデジタルプレゼンテーションをおすすめしています．デジタルプレゼンテーションを行うためには，まず，自分のコンピュータがデスクトップ型であった場合には，何らかの方法でラップトップ型コンピュータ（ノートパソコン）にPowerPointファイルをコピーしなければなりません．MOディスクにいったんコピーしてさらに移しても構いませんが，もし研究室内でLANが使えるようであれば，それを介して転送しても構いません．

外部ディスプレイ装置との接続

　次に，ノートパソコンと外部ディスプレイ装置（液晶プロジェクタなど）をケーブルによって接続しなければなりません．ノートパソコンの背面には15ピンのメス型端子があり，これが外部モニタ出力端子です．液晶プロジェクタ側にも同様の端子があります．ノートパソコンが非常に小型の場合に，通常のケーブルに対して端子が合わない場合がありますが，購入時点ではそのための専用アダプタが付属しているはずです．ケーブルを接続し，液晶プロジェクタの電源をオンにしてから，コンピュータの方を立ち上げる習慣にした方が間違いありません（最近の機種では，どちらもオンになっている状態でケーブルをつないでも大丈夫なものが増えていますが，念のため）．

　もし液晶プロジェクタに何も映らないときには，もう一度コンピュータを再起動してみてください．パソコン起動時にプロジェクタが新しいデバイスとして認識されて，ソフトウエアのインストールを促す場合があります．通常は［キャンセル］ボタンをクリックしてインストールを中止すれば，そのまま通常画面になるはずです．スクリーンに自分のノートパソコンの画面が映ればOKです．もし画面がプロジェクタのみに映り，パソコンの液晶画面に表示されない場合は，「ミラーリング」が正常かどうかをチェックしてください．Windowsの場合には，［Fn］キーとファンクション・キー（［F3］［F5］［F7］など，コンピュータの会社によって異なります）を同時に押すと，液晶画面がミラーリングされ，プロジェクタに映るようになっています．Macintoshではモニタコントロールパネルを開いて，ミラーリングを確認してください．画面の大きさなどが合わない場合には，モニタ調整の解像度を1024×768に合わせるとよ

いでしょう．ここまで問題がなければ，さあPowerPointファイルを開いてスライドショーを始めましょう．メニューバーの［スライドショー］→［実行］で開始するか，もしくは，編集画面左下角の🖥をクリックしてください．

操作はスムーズに！

このように，デジタルプレゼンテーションはOHPやスライドを用いたプレゼンテーションよりも若干準備に手間と時間がかかります．あなたがデジタルプレゼンテーションをめざすのであれば，ここまでの操作を1人でできるようにリハーサルで練習しておくべきです．学会発表の一般講演などのように，本番では違うコンピュータを使わなければならない場合もありますが，操作に慣れていればトラブルが生じた場合に対応しやすくなります．また，自分のノートパソコンでプレゼンテーションを行う場合に，PowerPointファイルをあまり深い階層のフォルダに入れないように心がけましょう．いくつもフォルダを開くのにはそれだけ時間がかかりますので，聴衆を待たせることになってしまう場合があります．またセミナーなどでよく見受けられるのですが，1つのスライドで長い時間喋っている場合などに，画面が消えたり，ハードディスクが停止します．これを避けるために，ノートパソコンはプレゼンテーションの前には「スリープをしない」モードに合わせておくべきです．

スライドの送りやアニメーションの実行は，マウスをクリックするか（Windowsは左クリック），矢印キーの［↓］もしくは［→］を使ってください．前のスライドに戻る場合は［↑］もしくは［←］となります．スライドショーを途中で終了する場合には，［esc］キーを押すもしくは画面でマウスを動かすと左下に［終了オプション］のアイコンが表示されますので，そこから［スライドショーの終了］を選択します．くれぐれも，手元ばかりをみないで，聴衆とアイ・コンタクトすることを忘れずに！

第4章
＜実践編＞
目的別のプレゼンテーション

この章では典型的なプレゼンテーションとして，研究室の中での「論文紹介」と「プログレス発表」，学会発表として「口頭発表（オーラル）」「ポスター発表（示説）」「ワークショップ・シンポジウム」，および研究室外で行う「セミナー」について取り上げ，その準備の流れについて説明し，キーポイントをアドバイスします．

❶ 論文紹介

紹介する論文を読む

「論文紹介」は，実はプレゼンテーションのトレーニングの手はじめとして最適なので，まず最初に説明しましょう．研究室の中での発表は，聴衆のバックグランドがとても近く，あまり大人数ではない（第1章，13頁の表参照）ことを思い出してください．

● どの論文を選ぶか？

まず，どの論文を紹介するかを選ばなければなりません．生命科学分野では毎日のように膨大な数の論文が出ているので，その中からどれを選ぶかはビギナーにとって頭痛の種といえます．自分に理解できて，なおかつ研究室のメンバーにとって有益な情報を提供するような論文を，どのようにして選んだらよいのでしょうか？ 初めての論文紹介であれば，素直に先生や先輩に聞いて，適当な論文を選んでもらうのもよいでしょう．慣れてくれば，その研究室でよく取り上げられる雑誌から，なるべく最新の論文を選ぶとよいでしょう．また，的はずれな論文を紹介して皆の時間を無駄にしないためには，一般誌といわれる Cell，Nature，Science などで最新の重要な論文として News & Views（Nature の場合）などに取り上げられるようなものを選ぶと，その研究の背景や意義についての情報が理解しやすいものです．よい論文を選ぶことができれば，それはよい論文紹介をする準備が半分できたも同然といえます．

● 論文の構成

論文紹介では普通，原著（article）を取り上げることが多いものです．このような論文は現在では以下のような典型的スタイルで書かれています．

❶ 要旨（サマリー）
❷ 導入（イントロダクション）
❸ 材料・方法
❹ 結果
❺ 考察（ディスカッション）

第4章 実践編 目的別のプレゼンテーション

　実は古い論文では「要旨」は論文の最後に書かれることが普通だったのですが，最近では手っ取り早く情報を得たいという要求が強く，最初に置かれることが一般的となっています．また同様の理由で，❸の材料・方法が論文の最後に置かれるときもあります．ただし論文紹介の場合には，先に材料と方法を説明しないと結果を理解・評価することができません．また最近の論文のイントロダクションでは，背景の説明にはじまり，最後の1段落は簡単な要旨となっていることが普通です．

● 背景の理解

　ある研究が行われた背景を理解することはきわめて重要です．というのは，どんなオリジナルな研究であっても，すべてそれ以前にわかっていたことを土台として成り立っているからです．論文のイントロダクションにはその研究が行われた背景がまず書かれています．読み流すのではなく，「どこまでがわかっていたか（背景）」と，その上に立って「何を明らかにしようとしたか（目的）」を理解することが大切です．目的は「仮説」の提示というスタイルを取る場合もあります．また，必要に応じて背景に取り上げられている他の論文を読むことも重要です．

● 材料・方法の理解

　研究の目的に応じて，適切な「材料・方法」が選ばれるものです．逆に，論文を批判的に読むためには，「目的」と「材料・方法」が合致しているかどうかを吟味しなければならなりません．材料・方法について「コレコレの論文ですでに述べてある」とだけ書いてある（Nature誌など字数制限の厳しい論文は特にそうである）場合は，そのもとの論文を読んでおく必要があります．

● 結果の理解

　結果を読む場合は，「目的」や「仮説」に対してどのような解答が得られたかについて，データ（図・表）と照らし合わせることが大切です．本文の記載とともに，付図説明も読みましょう．最終的にはあなたが著者に代わって結果を発表するのが論文紹介なのですから，そのつもりで読まなければなりません．テキストに書かれたことが，本当にその図・表から読み取れるかについて，批判的に読むことが重要なポイントです．

● **考察の理解**

　考察では，この研究の結果から「目的」や「仮説」に対してどのような回答が得られたかについて強調されているはずです．また，この研究結果を他の報告と照らし合わせた議論がなされているでしょう．著者らが我田引水していないかチェックするためにも，他の報告についても読んでおくべきです．また，著者らの考えとは別に，自分自身はどのように考えたかについてもまとめておく必要があります．

memo 「和訳はしない！」

　以上のように論文を読み進むうえで，1つ強調しておかなければならないことがある．多くの，しかも真面目なビギナーにありがちなのであるが，丁寧に「和訳」のノートをつける人がいる．論文紹介で突っ込んだ質問が来ると，このノートの中から該当する箇所を一生懸命に探している．これは決してすすめられない．その理由はこうである．論文は論文紹介のために読むのではなく，研究者をめざす人はこれからたくさんの英語論文を読みこなしていかなければならない．そのためには「読むスピード」が大切である．ビギナーは辞書を片手に専門用語を和訳しなければならない時期もあるだろうが，英語の論文を読むことは，その和訳を書くことではない．重要な箇所にラインマーカーなどで線を引くか，メモを取ることは頭の中に入れるために大切であるが，ノートに和訳を書くのは時間の無駄である．しかも本人としては「読んだ気になる」から，なおさらたちが悪い．とにかく英語の受験勉強のようなスタイルから脱却することが必要である．

第4章 実践編　目的別のプレゼンテーション

論文紹介プレゼンテーションの準備

これまでに述べたように，論文紹介に限らず発表のポイントは「ダイアモンド型の構成」にすることです．まず「導入」としてキーセンテンスからはじまり，背景をいくつか説明して，1つの明確な「目的」が集約される．次に個々の「小目的」に沿った「材料・方法」によって実験がなされ，その「結果」についての説明を膨らませたのちに，小さな1つの「結論」が示される．複数の解析について同様に説明し，最終的に「論文全体の結論」が導かれる．その論文についての「考察」がなされ，ついにその論文の価値の評価に至る… このような明確な論理的構成をもった発表が理想といえます．

ではそのための準備をしましょう．

◆ プレゼンテーションの
　ダイアモンド型の構成

（図：導入／背景1　背景2／目的／小目的1　実験1　結果①　結果② 実験1結論／小目的2　実験2　結果①　結果② 実験2結論／小目的3　実験3　結果①　結果② 実験3結論／全体の結論／考察1　考察2／論文の評価）

● ハンドアウトの作成

論文紹介にはハンドアウトを用いることが一般的です（次頁図参照）．これは聴衆にとって，メモを取ったり，じっくり結果を吟味できるメリットがあります．

ハンドアウトには以下のような項目をあげることが望ましいでしょう．

❶ 発表者の名前
❷ 発表の日付
❸ 論文タイトル，著者，巻号頁
❹ 研究の背景
❺ 材料・方法
❻ 結果（論文の図・表）
❼ 考察の要点

◆ ハンドアウトの資料例

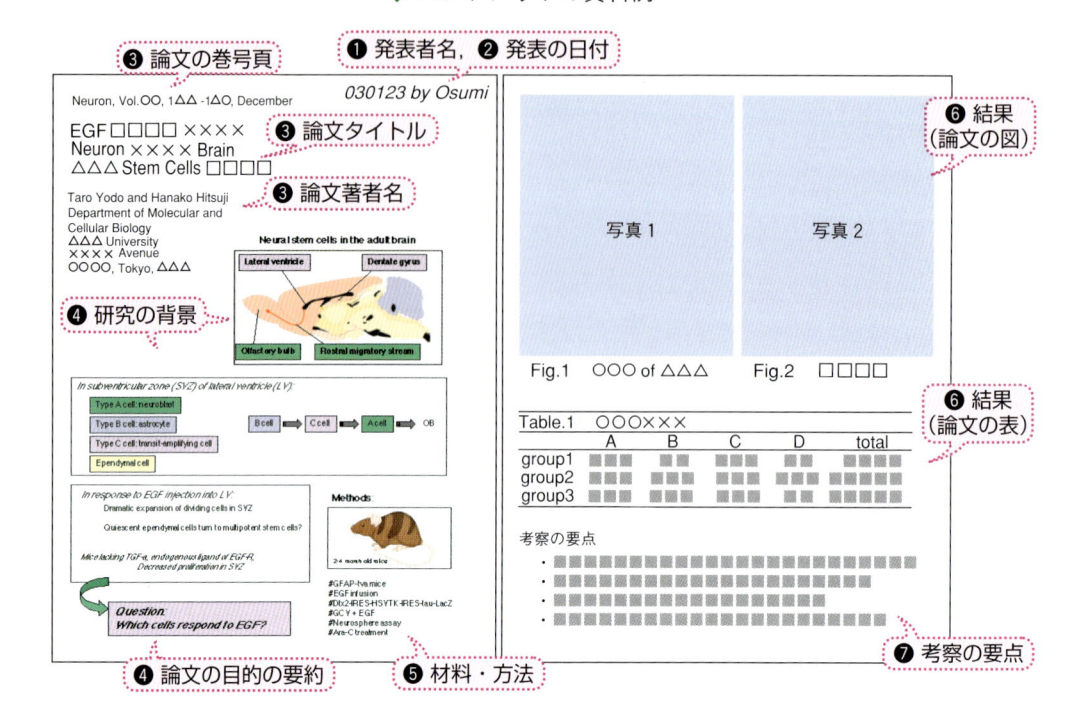

1) 研究の背景

　背景を説明するためには，必要に応じて教科書やその分野に関する総説から適切な図を選んで紹介することが推奨されます（もちろん自分で作成してもよいでしょう）．この場合，引用した図の出典も明記しておくべきです．研究室によっては，どのメンバーも非常に近い内容の論文を紹介することが普通であって，背景についての説明が必要ない場合もありうるでしょうが，教育的な見地からは，背景を理解し，他人に説明できることが重要です．アウトプットできてはじめて本当に理解したといえるからです．

2) 材料・方法

　材料・方法は，まとめて説明できる場合はそうしますが，複合的な解析をしている論文（トップジャーナルに載る最近の論文は特にそうなっています）の場合は，各データの説明の前に説明した方がよいでしょう．非常に一般的な方法については（本人は理解していることを前提として）説明は必要ありませんが，紹介する論文で特に工夫した方法などについては，丁寧に説明すべきです．

第4章 実践編 目的別のプレゼンテーション

3) 結　果

　結果のための論文の図・表をハンドアウトにするには，雑誌のコピーを貼り付けるのが一般的です．しかし最近では多くの論文はオンライン化されているので，特に最新のものについては，雑誌が出るよりも前にウェブ上に掲載され，PDFファイルとしてダウンロードすることになります．これをプリントしてハンドアウトに貼り付けるよりは，そのままコンピュータ上でコピー＆ペーストによってPowerPointなどのプレゼンテーションソフトによるハンドアウトを作成した方が手っ取り早くておすすめです（画質を落とさない方法は第2章 memo「解像度はどうする？」参照）．しかも，そのファイルはこの後述べるOHPシートの作成，あるいは液晶プロジェクタによるプレゼンテーションにも流用可能ですので，メリットが大きいといえます（用途によっては，著者および出版社の許可が必要となる場合があります）．

> **memo 「図表の大きさ」**
>
> 　図表の大きさについては，だいたい論文と同サイズにしておくことが望ましい．論文の中のサイズより縮小してハンドアウトをコンパクトにすることは，ハンドアウトの頁数を少なくするメリットがあるが，小さすぎて重要なデータが読み取れなければ元も子もない．また，もとのサイズよりも大きくしても解像度の面であまり意味がない．
>
> 　付図説明までハンドアウトに入れるかどうかについては異論の多いところであろう．研究室ごとのスタイルもあろうが，一般的には聴衆が発表者の説明を聞かずにひたすら付図説明を読むことにもなりがちなので，筆者はあまり推奨しない．ただし，その図が何を意味するかについて一言説明を加えたり，どのレーンや写真が何を示すかなどは書いておいた方が，発表者・聴衆ともに安心である．

● OHPシートの作成

　ハンドアウトを聴衆に渡しておき，発表者はOHPなどによるプレゼンテーションをすると，図の説明がしやすく効果的です．最も簡単なOHPシートの準備は，ハンドアウトを作成した後にそれをOHPシートにコピーすることです．ただし，この場合，どうしても画質がかなり低下することは否めません．

　もう1つの方法はPowerPointなどのプレゼンテーションソフトによるハンドアウトを，OHPシートに印刷することです．OHPシートによるプレゼンテーションでは，

背景の色は明色にすること．また，蛍光顕微鏡写真などの画質はあまり期待できないことを念頭におくべきです．

　OHPによる発表はプレゼンテーションの基本であり，特にまだコンピュータ操作に慣れていないビギナーはまずこれを練習すべきです．なぜなら次に述べる液晶プロジェクタによるプレゼンテーションは効果的ですが，OHPによる発表の経験がないと困ることも将来ありうるからです．例えば研究費の面接審査などの場合に，時間と準備の関係からOHPを用いて行うことがまだあります．

● デジタルプレゼンテーションの準備

　ハンドアウトを聴衆に渡しておき，発表者は液晶プロジェクタによるプレゼンテーションをすると，さらに効果的です．すでに強調しているように，液晶プロジェクタの光源はかなり明るいので，OHPよりも鮮明な像を映し出すことが可能です（第2章参照）．また論文によっては補足データとして動画が付属している場合などもあり，デジタルプレゼンテーションならそれをみせることができます．ただしハンドアウトはたいていA4の紙を縦長に使うので，基本的に横長の画面となるデジタルプレゼンテーション用にはレイアウトを変えた方が望ましいといえます．基本的に1枚のスライドのポイントは1つに絞った方がわかりやすい（第2章「⑧ わかりやすいスライド作成の原則－1ポイント1スライドの原則」）ので，1つの図表が1枚のスライドに入るようにすべきでしょう．

　聴衆が説明をたどりやすいように，プレゼンテーションアイテムには要所要所に文章による補足をつけるべきです．例えば「図1の実験の結論は何々であり，よって次に何々を目的として図2に示される実験を行った」などの内容を，簡潔に，理想的には英語で書くとよいでしょう．これは簡単な英作文の勉強にもなり，英語の感覚を身につけるのに役立つはずです．ただしハンドアウトの中に日本語と英語が混じるのは，インフォーマルな場合は仕方ありませんが，あまりスタイルのよいものではありません．

発表の準備

　発表は基本的に論文そのものをみないでも，ハンドアウトなどのプレゼンテーションアイテムだけで内容を説明できるように頭に入っていなければなりません．特に図表について論文の著者に成り代わって説明する必要があります．したがって，ハンドアウトはあらかじめ時間の余裕をもって作成しておくことが肝心です．

第4章 実践編 目的別のプレゼンテーション

　第2章で述べたように，発表のポイントは論理的であることです．ある背景をもとに何がquestionとなったのか，そのためにどのような実験を行ったのか，その結果何がわかったのか，そのことによって次にどのようなquestionが生じたのか…，これらの相互関係を明確にし，それを適切に表す言葉を吟味することが必要です．また，それらが「ダイアモンド型の構成」になっていることを意識することです．いくつかの実験事実から，何が結論として導き出されたのか，明確にしないといけません．さらに1つの「ダイアモンド」から次の「ダイアモンド」に移るときの論理の流れを，明確に説明するとよいプレゼンテーションになるでしょう．

> **memo 「準備はお早めに！」**
> 　どのようなプレゼンテーションの場合もそうであるが，特にビギナーの場合はプレゼンテーションアイテムを直前につくることは絶対に避けたい．ハンドアウトにしろOHPシートにしろ，遅くとも発表の前々日までには作成しておくべきである．なぜなら発表の練習はでき上がったハンドアウトやOHPシートを用いて行うべきであり，その理由は，聴衆にはその情報しか与えられていないからである．さらに，これも研究室版マーフィーの法則だが，プリンタは締切り直前ほど壊れやすいものである．

質問対策

　質問対策も重要です．論文を批判的に読むことにより，どのような点について質問が来るかを予測することが可能でしょう．ビギナーの多くは「本に書いてあることは正しい」と信じてこれまで育っているので，批判的に読むのは最初難しいと感じるかもしれませんが，**正しい批判精神はサイエンスの中で重要な**ポイントです．もちろんこれは，ただむやみに批判すればよいわけではありません．どこがよい点か，どこが劣っているかを客観的かつ正当に評価することが大切です．

> **break time ほっと一息　レビューアー（査読者）になったつもりで**
> 　論文を批判的に読むには，自分がある雑誌のレビューアー（査読者）になったつもりになるとよい．
> 　おそらくあなたが論文紹介で取り上げるような論文は，「査読制peer review system」のある雑誌に掲載されたものであろう．「査読制」というシステムは，論文の価値を客観的に判断する

ための1つの手法である．論文がある雑誌の編集部に投稿されると，通常2〜3名の査読者 reviewers（もしくは referees）が選ばれて，その研究者が投稿論文の評価 reviewing を行う．査読者はその論文について，内容はその雑誌の読者の興味に合っているか，どのような点が新しいか，目的に対して用いられた手法は適切か，得られた結果は信頼できるか，論理展開に矛盾はないか，結論を導くのに足りないデータは何か，などの価値判断をもとに，「このまま受理 accepted without revision（1回目の投稿でこういうケースはめったにない！）」，「一部訂正の上受理可能 acceptable with minor revision」，「興味深い内容であるが，大幅訂正必要 acceptable with major revision」，「不採択 reject」などの意見をコメントとして編集者宛に送る．編集者 editor は査読者の意見を考慮して，最終決断をくだす．

査読者には投稿論文の内容についての守秘義務があり，査読者が誰であるかは論文の投稿者には伏せられている．このため，面と向かっては言えないくらいの厳しい調子で批判のコメントが送られることも珍しくない．「大幅訂正必要」などのコメントをもらった場合には，投稿者は改訂稿 revised manuscript を送る際に添えるカバーレター cover letter に，コメントに従い改訂した点や，査読者の判断についての反論などを書く．このようなやりとりを1〜2回経たのちに，めでたく論文受理と相成るのである．このプロセスには早くて1カ月，追加実験が必要な改訂を重ねて長くかかる場合には1年越しということもありえる．

査読制は論文の質を向上させ，客観性をもたせるためのシステムではあるが，実は2〜3人の査読者を満足させればその論文が受理されるということでもある．決して10人の査読者に10段階評価の点数を付けてもらって，その合計で判断される訳ではない．そのようなことをしたら，研究者はお互いの論文を査読するための時間が今の5倍必要になるだろう．したがって，いろいろ問題はあるにせよ，2〜3人による査読というシステムに落ち着いているのが現状である．論文の査読は決して論文を書いた人の人格を批評している訳ではないのだが，直接著者の仕事ぶりを知っているかどうかは，実際には判断に影響を与えている．

さて，あなたが論文を読むときにも，未来の査読者や編集者になったつもりで批判できるところを探してみよう．どんな論文も完璧ということはありえず，論理的に弱いところや，よりしっかりとしたデータが必要な部分はあるはずである．「この写真はフォーカスが甘くて，筆者が示そうとしている箇所がみにくい！」などの簡単なことからでも構わないので，批判精神を身につけよう．研究者の多くはこのような批判精神に満ちた生活を日常的に送っているので，だんだん一般の人々との会話にもその影響が出やすくなるので，要注意！

❷ プログレス発表

　研究室の中でのプログレス発表は学会発表などを行うための基本であり，生命科学研究のビギナーにとっては論文紹介とともに最も身近なプレゼンテーションといえます．

　研究室の中でのプログレス発表は，基本的に同じバックグラウンドの人を相手にすることになります．したがってある程度イントロは簡単で済むはずですが，これはどのくらいの頻度でプログレス発表をするかによっても違ってきます．例えば年に1〜2回しか行わない研究室全体でのプログレス発表であれば，しっかりしたイントロを述べたいところですし，グループリーダーの先生に対する週1回の報告であればイントロは必要なく，前回までのまとめを述べればよいでしょう．

　したがってここでは，データアイテムの準備を中心に話を進めます．

データアイテムの準備

　実験結果のデータはいわば「素材」です．直接の指導者にデータをみせる場合は，測定値をそのままみせたり，一緒に顕微鏡を覗いてもらうことによって，自分が得た結果を相手に伝えることができますが，これはプレゼンテーションとはいえません．プレゼンテーションのためにはデータを調理加工して，食べやすい「料理」に仕立て上げねばなりません．この作業は本来，地道に日々こつこつ行うべきことです．実験は「やりっぱなし」では駄目で，ベンチワークとともに，デスクワークも並行して進める必要があるのです．そうはいってもなかなか人間は締切りがないと動かないものです．だからこそプログレス発表はデータをまとめるよい機会になるというわけです．

　生命科学系のプログレス発表では必要に応じて次のようなデータアイテムを作成します．

> ❶ 模式図（遺伝子・タンパク質の一次構造など）
> ❷ グラフ（定量的データについて棒グラフ，折れ線グラフ，円グラフなど）
> ❸ 表（全体の例数と結果の例数，定量的データの数値など）
> ❹ 静止画（ゲルの写真，顕微鏡写真）
> ❺ 動画（タンパク質立体構造，形態の三次元構築，タイムラプスデータなど）

◆ データ整理に用いられるコンピュータソフト

データアイテム	例	ソフト
模式図	遺伝子・タンパク質一次構造 実験のストラテジー 結果のサマリー	Adobe Illustrator Canvas MacDraw Microsoft PowerPoint（あまりすすめられない）
グラフ	実験の例数 定量的データ	Microsoft Excel
表	実験の例数 定量的データ	Microsoft Excel
画像	ゲルの写真 顕微鏡写真	Adobe Photoshop Adobe Illustrator Canvas MacDraw
ムービー	タンパク質・形態の3D表記 タイムラプスイメージング	QuickTime など

　表にそれぞれのデータアイテムを作成するのに適したコンピュータソフトを掲げたので，参考にしてください．また，巻末に掲げた参考書『PowerPoint のやさしい使い方から学会発表まで』（羊土社）に，より実際的なソフトの使い方が書かれています．

プログレス発表のプレゼンテーションアイテムの構成

　研究室によっては，プログレス発表の場合にもハンドアウトを配布することを求められる場合もあるでしょうが，通常は OHP を使うか，自分のもしくは研究室のラップトップ型コンピュータを用いたデジタルプレゼンテーションが多いでしょう．ここでは汎用性の高い PowerPoint を用いて，15分程度のデジタルプレゼンテーションを行うという想定にします．PowerPoint を用いてデータアイテムからプレゼンテーションアイテムを作成する具体的な方法については，第2章を参照してください．

● 前回までのプログレスのまとめ

　前回までのプログレスのエッセンスを箇条書きにして，スライド1枚分にまとめます．もし，プログレス発表が年に1回程度なのであれば，「背景」や「目的」も必要です．この場合は91頁「⑥セミナー」の項を参考にしてください．

● 材料・方法・結果

　研究室の中メンバーが相手であれば，方法の説明のためのスライドをつくる必要はほとんどありませんが，改良した条件や用いた材料などは結果のスライドに明記するとよいでしょう．

第4章 実践編 目的別のプレゼンテーション

　データアイテムをもとに，みやすく分かりやすいプレゼンテーションアイテムを作成します．15分程度のプレゼンテーションであれば，5〜10枚程度のデータスライドを用意すればよいでしょう．研究室内でのプログレス発表では途中でいろいろな質問や意見が出るので，フォーマルな学会発表などよりもスライド枚数は少なめになります．

● 結果のまとめ・考察・今後の方針

　結果のポイントを1枚のスライドに箇条書きにまとめます．1文が長すぎないように（1行を越えないことが望ましい），簡潔な言葉使いを心掛けましょう．

　また，結果について何が考えられるか，自分のこれまでのデータとの関連性，研究室の他のメンバーの結果との比較，他の研究室から出ている論文などに基づく結果との比較について考察します．最後に，今後の方針についての自分の意見を述べます．

◆ プログレス発表のプレゼンテーションアイテムの例

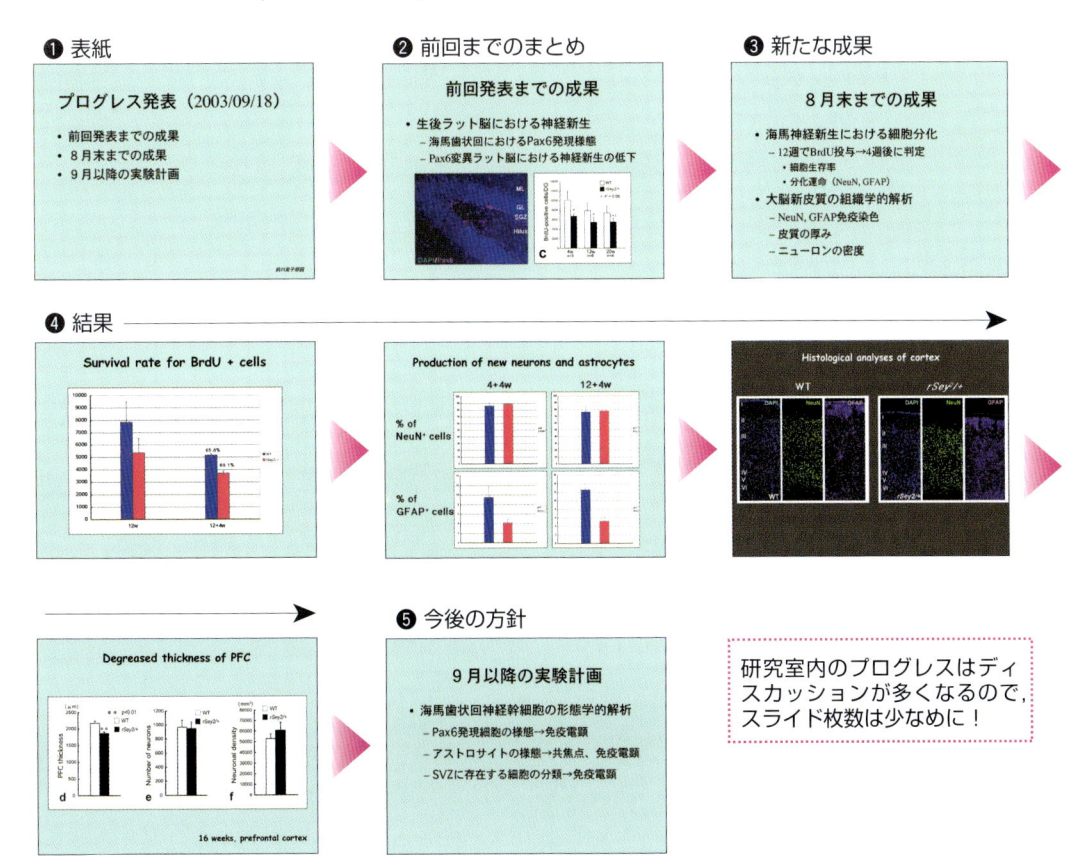

❶ 表紙
❷ 前回までのまとめ
❸ 新たな成果
❹ 結果
❺ 今後の方針

研究室内のプログレスはディスカッションが多くなるので，スライド枚数は少なめに！

75

③ 学会での口頭発表

ではいよいよ晴れの舞台である研究室の外でのプレゼンテーション口頭（オーラル）発表の準備と実際のポイントについて説明しましょう．

プレゼンテーション法を考える場合，口頭発表の特徴は次のようなものであったことを思い出してください．

❶ 一度に数十人以上の聴衆を相手に行う
❷ フォーマル度はポスター発表よりも高い
❸ 発表時間が限られている
❹ デジタルプレゼンテーション（もしくはOHPやスライド使用）
❺ ディスカッションの時間も限られている
❻ 1回限りのパフォーマンス

口頭発表の構成

通常の一般演題の口頭発表の制限時間は，発表と討論を合わせて10〜15分程度です．その内容は以下のように分かれています．

❶ 導入（イントロダクション）
❷ 結果
❸ 考察（ディスカッション）

つまり，構成としては「論文」と同じなのです．論文はもちろん「書き言葉」で書かれていますが，口頭発表ではその内容を「制限時間内に聴衆に向かって話す」というわけです．ただし，論文は読者が自分のペースで読み，はしょったり戻ったりできますが，口頭発表は発表者から一方的に発信することになります．そのぶん，ポイントが明確になるように，論旨がわかりやすいように心がけなければなりません．例えば，導入部で最初に論点を明確にすることも，そのためによい方法です．「われわれの研究室では神経発生におけるニューロンの移動について興味をもっています．」などと一言述べてから始めるという手もあります．「背景」について説明した後に，この後発表で主張する点（結論）を先に述べてしまうやり方もあります．例えば「すでに… について昨年度の本大会で発表いたしました．今回はXXXという点と，YYYという点に関して新しい知見を得ましたので発表いたします．」などのように．とにか

第4章 実践編 目的別のプレゼンテーション

く上手に聴衆をリードすることが大切です．

さて，仮に発表時間が10分，討論2分という制限が設けられていたとしましょう．では，どのくらいの割合をそれぞれの項目に割くべきでしょうか？ 分野にもよるかとは思いますが，比較的聴衆のバックグラウンドが近い学会発表の場合であれば，導入部で約2分，考察で1分，残り7分を結果に充てるのが適当でしょう．この場合，「結果」には「材料・方法」も含まれることになります．以下，それぞれの項目ごとにプレゼンテーションアイテムの準備について，PowerPointを用いたファイルを作成するものとして説明します．

◆ 口頭発表でのプレゼンテーションアイテムの例

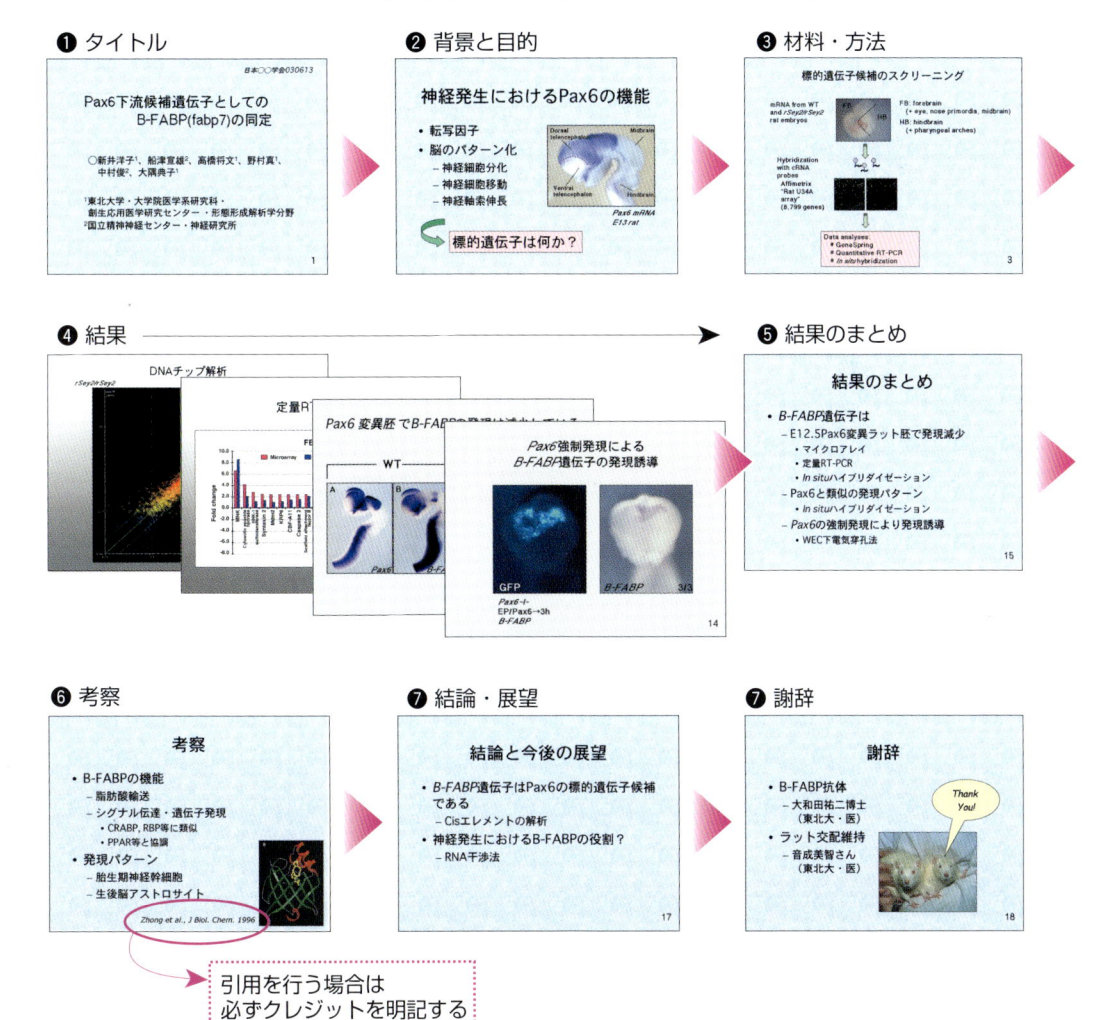

❶ タイトル
❷ 背景と目的
❸ 材料・方法
❹ 結果
❺ 結果のまとめ
❻ 考察
❼ 結論・展望
❼ 謝辞

引用を行う場合は必ずクレジットを明記する

口頭発表のプレゼンテーションアイテムの構成

● 導　入

1）表　紙

　タイトルと自分の所属・氏名を入れた「表紙スライド」は，必ずしも必要ではありませんが，座長が紹介してくださる間に映るスライドとして適当なので，筆者は必ず作成するようにしています．たくさんのプレゼンテーションファイルの整理の都合もあって，筆者はこの表紙スライドに発表学会名と日付も入れています．

2）背　景

　聴衆はあなたの研究について何も知らないと思った方がよいでしょう．したがって，あなたが今回発表する研究を行うに至る背景について，まずきちんと説明する必要があります．そのためには，スライド1枚（多くて2枚）は必ず必要です．これまでの研究のまとめが箇条書き，もしくは模式図などになっているとよいでしょう．

3）目　的

　さらに「今回の研究は何を目的にしたか」を明確に聴衆に伝えることは，発表の中できわめて重要なポイントの1つです．「背景」のスライドをみせながら口頭で話す場合もありますが，聴衆へのインパクトとしては，別に1枚分のスライドをつくる方がよいと思われます．

● 結　果

1）材料・方法

　非常に一般的な方法であれば，わざわざその説明のためのスライドをつくる必要はありません．結果のスライドをみせながら，一言「何々法で行いました」と述べればよいでしょう．材料については，結果のスライド中に明記しておくことが必要です（後述）．逆に新たに何かの手法を開発したような場合は，きちんと説明することが求められます．

2）結　果

　すでにプログレス発表のところでも述べましたが，実験結果のデータはいわば「素材」です．これを調理加工して，プレゼンテーションとしてふさわしい「料理」に仕

第4章 実践編 目的別のプレゼンテーション

立て上げねばなりません．繰り返しになりますが，まず以下のようなデータアイテムを作成します．

> ❶ 模式図（遺伝子・タンパク質の一次構造など）
> ❷ グラフ（定量的データについて棒グラフ，折れ線グラフ，円グラフなど）
> ❸ 表（全体の例数と結果の例数，定量的データの数値など）
> ❹ 静止画（ゲルの写真，顕微鏡写真）
> ❺ 動画（タンパク質立体構造，形態の三次元構築，タイムラプスデータなど）

74頁の表にそれぞれのデータアイテムを作成するのに適したコンピュータソフトを掲げてありますので，参考にしてください．また，巻末付録で紹介している『PowerPointのやさしい使い方から学会発表まで』（羊土社）に，より実際的なソフトの使い方が書かれています．

ここで結果のスライド作成に重要なことは，まずビジュアルにわかりやすいことをめざすことです．例えば，表で細かい数字をみせるよりも，可能な限りグラフにすべきです．そして，そのデータアイテムが「何を表すか」を端的にタイトルとして書くことです．この場合，「遺伝子Xのノーザンブロット解析」という書き方ではなく，「遺伝子Xの発現は脳に多い」などのように，**結果のエッセンス**がわかる書き方の方がよりインパクトが強くなります．

● 考察～結論

1）結果のまとめ

　結果のポイントを1枚のスライドに3～5項目程度の箇条書きにまとめるとよいでしょう．1文が1行を越えないように，簡潔な言葉使いを心掛けなければなりません．ダラダラした文は聴衆が読む気をなくしてしまいます．階層性のある表し方を心がけましょう．

2）考　察

　考察については，必ずしもスライドをつくらなくても構いませんが，例えば関連する論文のデータなどを示してもよいでしょう．その場合，必ず**クレジット**（著者名，雑誌名，頁番号，出版年など）を入れることが大切です．

3）結　論

　時間との関係にもよりますが，一言で「今回の研究から何が明らかになったか」を述べるとまとまりがよいでしょう．

4）今後の展望

　これも時間との関係にもよりますが，一言で「今後○○について解析したい」という意味のことを述べてもよいでしょう．

5）謝　辞

　謝辞はあなたの研究を助けてくれた人たちをリスペクトする行為です．これも時間との関係にもよりますが，抗体やプローブをいただいたり，実験手法を教えていただいた研究者のお名前と所属をリストアップしたスライドをみせることは，感謝を表すのでとてもよいことです．

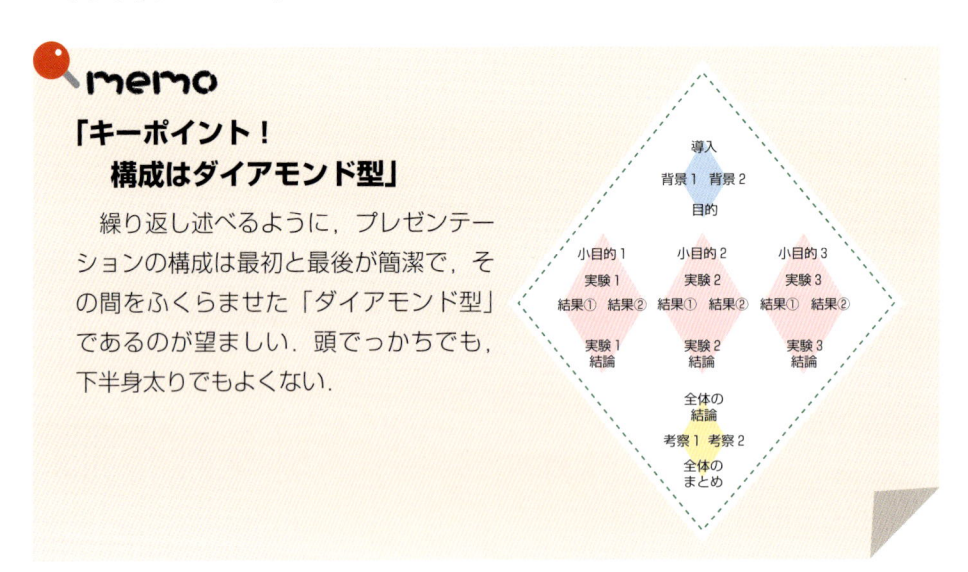

> **memo**
>
> **「キーポイント！　構成はダイアモンド型」**
>
> 繰り返し述べるように，プレゼンテーションの構成は最初と最後が簡潔で，その間をふくらませた「ダイアモンド型」であるのが望ましい．頭でっかちでも，下半身太りでもよくない．
>
> 導入
> 背景1　背景2
> 目的
> 小目的1　小目的2　小目的3
> 実験1　実験2　実験3
> 結果①　結果②　結果①　結果②　結果①　結果②
> 実験1結論　実験2結論　実験3結論
> 全体の結論
> 考察1　考察2
> 全体のまとめ

第4章 実践編 目的別のプレゼンテーション

口頭発表で気を付けるポイント

　最近では学会の一般演題としての口頭発表もデジタルプレゼンテーションで行うことが多くなってきました．一般演題は持ち時間が短く，1つのセッションで多数の演題の発表が行われるので，自分のコンピュータを持ち込んでプレゼンテーションを行うことはまずありません．現在主流となりつつあるのは，1つのセッションの演題のプレゼンテーションファイルをあらかじめプレゼンテーション用として演題に備え付けられているコンピュータにコピーしておく，というやり方です．

● データの準備での注意点

　プレゼンテーションファイルは自分のコンピュータからCD-ROMに焼き付けるか，USB対応の「フラッシュメモリ」もしくは「メモリスティック」などの名前で呼ばれている大容量外部記憶デバイス（といっても非常に小さなもの）にコピーして持ち込みます．これらはMacintoshでもWindowsでも読み込めるので安心です．メモリスティックは小さなハードディスクのようなものなので，高価ですが，繰り返し書き込み・消去可能です．学会によっては，あらかじめ決められた期日までにCD-ROMを送付したり，オンラインで事務局宛に送るように求められる場合もあるでしょう．いずれにせよ，プレゼンテーションファイルには「Osumi.JNSS.031127.ppt」などのように自分の名前を入れておくと，どれがどの演者のファイルかわかりやすいので，学会関係者にとって親切です．「拡張子」の「.ppt」をファイル名の最後に付すことも，MacintoshとWindows両方で認識される上で重要なポイントです．

　基本的にはPowerPointファイルはMacintoshとWindowsで互換性がありますが，もしコンピュータが2種類用意されているようでしたら，もちろん自分が作成したのと同じ種類のコンピュータにコピーしてもらうようにしましょう．ムービーが含まれる場合には，その元ファイルも忘れずにコピーしないとリンク先不明で映りません．同じMacintosh同士でも，PowerPointアプリケーションに対するメモリ割当てに関して，会場備え付けのものが自分のコンピュータ上でのメモリ割当てよりも少ない場合，数10Mbのような大きなファイルが動かなくなることがあります．セッションの始まる前に，必ず「スライドショー」を行い，動作確認することを忘れずに！

● 発表には臨機応変さも大切！

　実際の発表については第3章を参照してください．基本的にはリハーサルで行った通りに発表すればよいのですが，もし心の余裕があれば，あなたの発表するセッションですでに発表された他の演題との関連づけがあると，さらによいプレゼンテーションになるでしょう．1つのセッションで同じようなイントロが重なると，聴衆にとっては「それはいいから，早く本題に移って欲しい」という気持ちになります．「… については，すでに前の演者が素晴らしい説明をされましたので省略いたします．」などと手短に言って，イントロの説明をスキップしたり，簡略化するとよいでしょう．あるいは考察の部分で触れるということも考えられます．臨機応変なプレゼンテーションをめざしましょう．そのためにも，やはり原稿を読むスタイルは避けるべきです．

> **memo　「MacintoshとWindowsの互換性」**
>
> 　PowerPointファイル自体はMacintoshとWindowsのどちらでも読み込み，ほとんど同じコンピュータ操作で動かすことが可能な便利なソフトである．ただし，以下のようなときにトラブルが生じる．
> - ファイル名には「.ppt」という拡張子を付けておかないと，Windowsで認識されない
> - テキストの字体によっては，WindowsとMacintoshの間で変換したときに若干大きさがずれるので，センタリングが合わなくなったり，1行だったものが2行に渡ることになる（特にWindows→Macintoshの場合にトラブルが多い）．
> - Photoshopの画像をコピー＆ペーストしてスライドに貼り付けていると，WindowsとMacintoshの間で変換したときに互換性がなく，画像のところに赤い×印が付いて映らない．また，QuickTimeのムービーもWindowsとMacintoshの間で互換性がないので，それぞれ適切な保存形式にしたものを，「ファイル挿入」によりリンクさせる．なお，他のコンピュータにPowerPointファイルをコピーする際に，ムービーの元ファイルも忘れずにコピーしないと映らない．
> - 大きな画像データをたくさん含んだ重いファイルをWindowsで作成して，Macintoshで読み込もうとすると，割り当てメモリが少ない場合に画像のところに赤い×印が付いて映らない．

第4章 実践編 目的別のプレゼンテーション

memo 「適度なファイルの大きさに！」

　本書で繰り返し述べていることであるが，PowerPoint ファイルのサイズがあまり大きくならないように注意しよう．プログレス発表やセミナーなどにおいて自分のコンピュータでデジタルプレゼンテーションを行う場合は特に大きな問題にはならないが，それでもスライドショーしたときに画像の読み込みに時間がかかって，スライドの送りに時間がかかるというトラブルが生じる．

　一番困るのは，学会場に備え付けのコンピュータを用いてプレゼンテーションを行う場合である．たいていの場合，PowerPoint アプリケーションに対するメモリ割り当ては，デフォルトとしてはあまり大きく設定されていない．そうすると，数 10Mb もあるようなファイルをコンピュータにコピーするまではよいのだが，さて立ち上げようとすると時間がかかり，さらにスライドショーをすると，大きな画像を読み込むところでフリーズしてしまったり，その図は読み込めなかったりする．こうなるとせっかく準備したプレゼンテーションアイテムの意味がなくなり，データがみられない聴衆はがっかりし，あなたは窮地に陥ることになる．ビギナーだけでなく，院生から最新データを入手した先生も，このようなケースでよく立ち往生されることがある．

　あらかじめファイルをオンライン投稿する場合には，おそらくその時点でファイルサイズの指定があるので，それに従うことになるが，通常，15分程度の学会発表に用いる PowerPoint ファイルのサイズとしてはムービーがなければ 2〜5Mb 程度までで十分であろう．もしあなたのファイルが数十 Mb もある場合には，第2章「⑤画像や模式図の挿入」，および第5章「⑤裏技集－重たいファイルをスリム化する」の項を参考にして，今すぐにスリム化を計ろう．

❹ 学会でのポスター発表

　ここでは口頭発表との違いを中心に，要点のみについて触れることにします．また巻末に掲げた『ポスター発表はチャンスの宝庫！』（羊土社）という参考書には，演題登録からはじまり，ポスター準備や発表のテクニックが書いてあります．全く初めて学会発表をする人は参考にしてみてください．

ポスターの準備

　基本的なデータアイテムの準備やそのコンバートについては，すでに述べた口頭発表と何ら変わりません．大きな違いは，ポスターはあなたがその前でプレゼンテーションしていないときも，誰かがみているかもしれないことです．つまり，ポスターはいわゆるスライドと異なり，それだけで独立して内容が伝わる必要があるのです．また，広いポスター会場で目をひくように，スライドの場合よりも全体としてさらにより視覚的にすることが重要です．

　ポスターは最終的に印刷したものになるので，最初にどのような体裁に仕上げるかについて考えておきましょう．ポスターには大きく分けて以下のような仕上げ方があります．

> ❶ データやテキストを色付きの台紙に貼る
> ❷ データアイテムごとにA4（もしくはA3）の紙に印刷する
> ❸ ポスター全体を1枚の大きな紙（A0もしくはB0）に印刷する

　この中で❶が最も古典的で，最も簡単なやり方と言えます．データアイテムや付図説明を印刷し，適切な大きさの台紙に貼り付けます．スプレー糊を使うと均一にまんべんなく糊付けすることができます．

　❷はPowerPointなどのソフトを用いて，スライド1枚ずつを印刷して，それをポスターとするものです．PowerPoint上でレイアウトを考えることが可能ですが，基本的に1スライドに1データに仕上げる必要があります．画像データについては気を付けなければならないことがあります．液晶プロジェクタによるプレゼンテーションでは72dpiの解像度が一般的ですが，プリンタは最低限300dpiの解像度には合わせないと，印刷したときに画質がかなり悪くなってしまいます．筆者はデジタルプレゼンテーション用のファイルを作成する際に，重過ぎない程度に高品質に保った画像ファ

第4章 実践編　目的別のプレゼンテーション

イルを貼り込み，印刷用にも共用できるようにしています．基本的に1枚のスライドに貼りこむ画像のファイルサイズが2 Mbくらいのものをを圧縮して挿入するとよいでしょう．第2章も参照してください．

❸は大判の印刷が可能なプリンタが安く市販されるようになったために，最近多くみかけるようになりました．なんといってもポスター会場での貼りつけが一番楽な方法です．ただし，ポスターを大きな筒などに入れて持ち歩かなければならないのは面倒でもあります．またデータを差し替える場合には，全体を印刷し直さなければなりません．

Photoshop, Illustrator, PageMaker, PowerPointなどのソフトを用いて，必要なポスターの大きさをカスタム指定し，その枠の中にデータアイテムやテキストを盛り込んでいきます．この中で最も簡便なのは，PowerPointによりデータアイテムごとに1スライドにしたファイルをまず作成し，次に必要なポスターの大きさをカスタム指定したファイルに，各スライドをコピー＆ペーストするやり方です．これですと，元ファイルは口頭発表やセミナーに再利用できます．ただし，❷と同様に画像アイテムの解像度には気を付けなければなりません．筆者はIllustratorで作成する方が，より細かい調整ができるので好きです．

いずれにせよ，ポスターのデザインやレイアウトは千差万別で，それだけオリジナリティーを発揮しやすいといえます．ただし，みやすく読みやすくわかりやすいものに仕上げることをくれぐれも心がけてください．

ポスター発表で気を付けるポイント

● ポイントを絞った発表にする

　ポスター発表はフォーマル度が低いので，発表の際のストレスはオーラルよりも少ないかもしれません．ただし，聴きに来た聴衆の背景やレベルに応じたプレゼンテーションができるようになるには，実は年季がいるものです．3～5分程度でポスターのエッセンスを発表できるように準備しておき，必要に応じて説明を加えるか，必要でない部分をはしょって話すようにしましょう．たいていの聴衆は謙虚で粘り強いので，あなたの発表の途中で嫌な顔はしないかもしれませんが，くれぐれもあなたのポスターだけをみに来ているわけではないことをお忘れなく！　5分の説明なら以下のように時間配分を考えたらよいでしょう．

- ● 研究目的： 30秒
- ● 結果： 3分30秒
- ● 結論： 1分

　口頭発表と同様に，アイ・コンタクトは重要ですし，説明しているデータアイテムの最も適切な箇所を正確に指し示すなどの注意が必要です．

● 配付資料があると効果的

　必要に応じて，ポスターの内容全体もしくはそこから抜粋した**ハンドアウトを準備して渡す**と，あなたの発表内容をより印象づけることができるでしょう．ハンドアウトにはあなたの電子メールアドレスや研究室のホームページのURLを載せておくと名刺の代わりになり，後で連絡をいただけるかもしれません．あるいはすでに論文になっているデータに関しては，その別刷りを会場で配ることもよいでしょう．

　また，質問に対して詳しく正確な答えをするために，ポスターには載せていないデータについても印刷して持っていくか，ラップトップ型コンピュータに入れて持参することもよい方法です．

　なお，ポスターの中には謝辞として必ず，共著者以外に抗体を供与してくださった方や実験方法のアドバイスを受けた方などの名前を挙げておきましょう．謝辞はあなたの研究を助けてくれた人たちをリスペクトする行為です．

❺ 学会でのワークショップ・シンポジウム

　少し経験を積んで来た人であれば，ポスター発表や口頭発表の中からオーガナイザーがワークショップに取り上げられる場合もありますし，またあらかじめシンポジウムに招待されている場合もあるでしょう．ワークショップやシンポジウムでのプレゼンテーションは，基本的には口頭発表と同じですが，以下のような点が異なります．

ワークショップ・シンポジウムのプレゼンテーションアイテムの構成

　※赤字は普通の学会発表と異なるアイテムを示します．
- ❶ 表紙
- ❷ 導入
- ❸ 講演要項：箇条書き
- ❹ トピックごとの結果（必要に応じて材料・方法は含む）
- ❺ 結果の小まとめと結論
- ❻ 全体のまとめと将来展望
- ❼ 謝辞

● 最初に座長やオーガナイザーに対する謝辞を述べる

　これは，普通の口頭発表と大きく異なる点です．あなたは「選ばれた人」としてワークショップやシンポジウムで発表しているので，そのことを可能にしてくれた人たちに対して感謝すべきでしょう．簡単でも構いませんから，一言あると聴衆は安心します．例えば「○○先生，ご紹介ありがとうございました．また，このような機会を与えてくださった学会関係者に心から感謝いたします」など．

● 口頭発表より持ち時間は長目である

　ワークショップでは口頭発表とあまり変わらない発表時間である場合もありますが，たいていは15～30分くらいでしょう．シンポジウムでは30～60分程度が多いと思われます．トピック1つに対して10分程度を目安に構成を考えるとよいでしょう．「表紙スライド」の次に「講演要項」を箇条書きにしておき次のトピックに移る直前に再度みせると，聴衆は「今5項目の内容の3番目を聞いているのだな」などとわかって安心します．また，1つのトピックから次に移る場合に，それまでと異なる「画面切り替え効果」を用いるのも，視覚的に有効です．あるいはトピックが変わっ

たときに，背景の色を若干変えたものにすることもよいでしょう．ただし，これはプレゼンテーション全体で3〜4色までと思ってください．それ以上色を変えることは，みていて疲れるだけで効果はありません．次のトピックに移るときは，「では次に…についての解析について述べます」などと明確に伝えましょう．

● **最後に研究室のメンバーや共同研究者などに謝辞を述べる**

筆者は普通の口頭発表でも，プローブなどをもらった方々に対する謝辞のスライドを，時間的な問題で個々の方のお名前を挙げることができなかったとしても，少なくとも「みせる」べきだと思っていますが，時間に余裕のあるシンポジウムやワークショップではきちんと謝辞を述べることが大切です．現在の生命科学研究はさまざまな研究者同士の協力なしには成り立っていません．貴重な抗体やプローブも，研究室間では売り買いではなく，「贈り物」としてやり取りされます．「共同研究」ではなくてこのような贈り物を供与してくださった方，あるいは新しいテクニックについて教えてくださった方にお礼を言うのに，シンポジウムやワークショップの最後というのはとても相応しい場なのです．

◆ シンポジウムでのプレゼンテーションアイテムの例

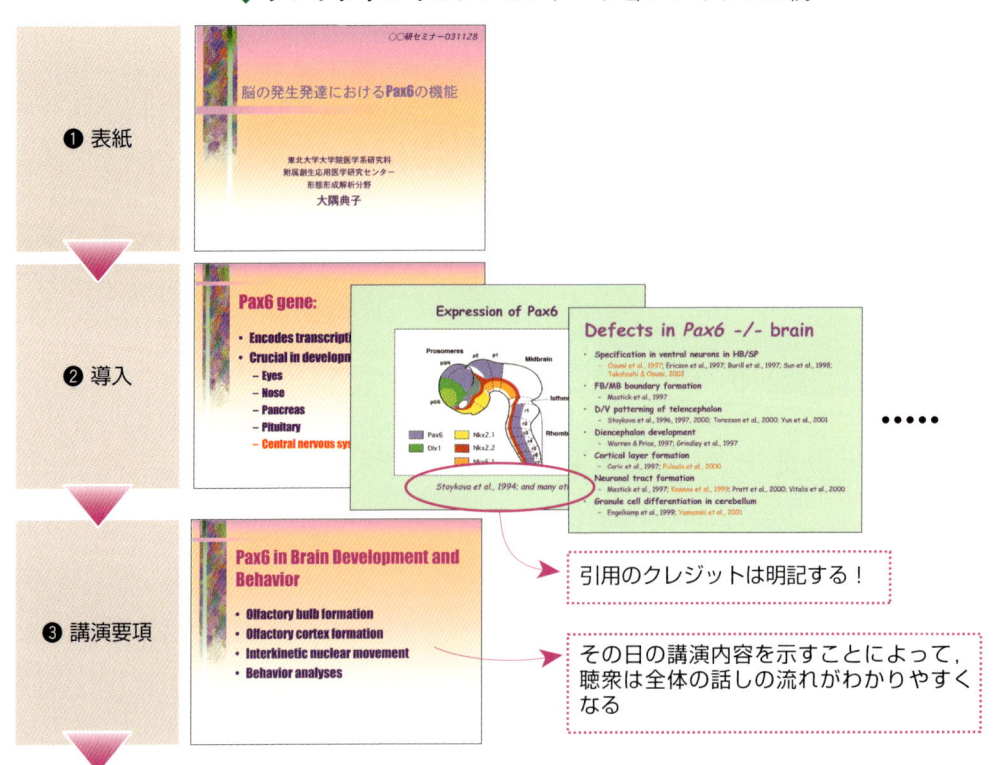

❶ 表紙

❷ 導入

❸ 講演要項

引用のクレジットは明記する！

その日の講演内容を示すことによって，聴衆は全体の話しの流れがわかりやすくなる

第4章 実践編 目的別のプレゼンテーション

❹ トピックス

トピックス1

トピックス2

話題が変わったときに講演要項を再度出すことによって全体のどの部分の説明かがわかる

トピックごとに疑問点や実験の結果からわかったことをまとめるとわかりやすい

トピックス3

トピックスが別の内容に移ったときに背景色を変えてもよい

❺ 全体のまとめと将来展望

階層性のあるテキストにする
1文は1行で収まるようにする

❻ 謝辞

研究室のメンバーや共同研究者への謝辞は忘れずに！

質問に備えて，いくつかの資料を用意しておくものよい．その場合は，黒いボックスのみのスライドを間に挿入しておくとよい

❼ 質問に備えた資料

ワークショップ・シンポジウム発表で気を付けるポイント

　一般演題は持ち時間が短く，1つのセッションで多数の演題の発表が行われるますが，ワークショップ・シンポジウムはやや持ち時間が長いので，自分のコンピュータを持ち込んでプレゼンテーションを行うこともあります．座長もしくはオーガナイザーからの指示に従って準備しましょう．

　やりやすさから言えば，操作に慣れている自分のラップトップ型コンピュータ（ノートパソコン）を持ち込むのが一番ですが，稀に接続する液晶プロジェクタとの「相性が悪い」場合があります．常にバックアップとしてCD-ROMやUSB対応のメモリスティックに入れたプレゼンテーションファイルを持参した方が安心です．また，液晶プロジェクタとのコネクタは会場で準備されていますが，携帯に便利な小さなノートパソコンの場合はピンの形状が異なるので，付属しているコネクタも忘れないようにしてください．

　自分のコンピュータを持参すると，ついつい最後の最後まで手直しを入れたくなりますが，特にビギナーには，皆の前でリハーサルを行ってOKをもらったバージョンから変更しないようにすることをおすすめします．慌ててタイプした文字にスペルミスがあったり，漢字変換の間違いがあったりすることは多く，大きなスクリーンに映さないとそれに気が付かないことがよくあります．本番の発表になって気が付くと，どうしても動揺してしまいます．また，せっかく自分のコンピュータ上では修正したのに，何らかのトラブルで持参したCD-ROMの古いバージョンでプレゼンテーションしなければならないこともありえます．

❻ セミナー

　セミナーは時間がかなりフレキシブルである点が，学会関係の発表と異なります．途中で質疑応答をしながら進む，相互通行型の場合も多いようです．聴衆は，かなりバックグラウンドが近い場合から，異分野の研究室に呼ばれる場合までさまざまなので，それぞれに応じた準備が必要となります．セミナーの準備を始める前に，主催者（招聘者）に，時間はだいたいどのくらいか，どんなバックグラウンドの聴衆がおよそ何人くらい来ることが予測されるかを聞いておくとよいでしょう．

セミナーでのプレゼンテーションアイテムの構成

基本的にワークショップ・シンポジウムの場合とほとんど同様です．
- ❶ 表紙
- ❷ 導入
- ❸ 講演要項：箇条書き
- ❹ トピックごとの結果（必要に応じて材料・方法は含む）
- ❺ 結果の小まとめと結論
- ❻ 全体のまとめと将来展望
- ❼ 謝辞

　聴衆のバックグラウンドが近い場合は，テキストを英語で入力しても構わないでしょうが，そうでない場合は日本語版にした方がより親切です．日本語は表意文字を多用できるので，視覚的に簡潔な表記が可能です．もっとも，聴衆に日本語でのコミュニケーションが難しい人がある程度いるような場合には，話す言葉は日本語でも，スライドは英語表記にした方がよいでしょう（最近は日本の国内学会でも国際化のために英語表記を指定する場合があります）．いずれにせよ専門外の人が多い場合には，「背景」の説明に若干時間をかけるべきでしょう．専門用語は極力厳選して用い，最初に使うときにその定義をきちんと述べ，同じものを指す場合に同じ専門用語を統一的に使うように心がけましょう．そうでないと，バックグラウンドの遠い聴衆は混乱します．

セミナーでのプレゼンテーションアイテムのキーポイント

　セミナーの場合は自分のラップトップ型コンピュータ（ノートパソコン）を持参してプレゼンテーションするのが，自分にとっては一番確実で安心です．ただし逆に，ホスト側としてはあなたが持参したコンピュータと液晶プロジェクタとの「相性がよい」かどうか，実際に試してみるまで心配なものです．ホスト側にかける迷惑を極力避けるために何度もリハーサルすることはもちろんですが，必ず念のためにバックアップとしてCD-ROMやUSB対応のメモリスティックなどにファイルをコピーして持ち込むようにしましょう．他のコンピュータを使う場合に備えて，ファイルサイズがあまり大きくないことをチェックしておいてください．

　セミナーのフォーマル度にもよりますが，通常は司会の方から略歴などを紹介されて始まることが多いでしょう．プレゼンテーションでは最初に，セミナーに呼んでくださった方，司会を務めてくださる方に対して，感謝の言葉を述べましょう．また，時間的に余裕がありますので，サイエンスの本題に入る前に，自己紹介を兼ねて訪問先との関係を話して，場を和ませるとよいでしょう．聴衆がリラックスするようにしむけることが，よいプレゼンテーションの秘訣であることを忘れないように．

> ○○先生、ご紹介有り難うございました。
> 私は△△研究室で学位を取りまして、
> ○○先生のお仕事はこれまで論文や学会発表で知っていましたが、仙台に来るのは初めてです。
> 青葉通りの欅は緑が綺麗ですね。
> お昼には牛タン定食を食べて来ました。

第4章 実践編　目的別のプレゼンテーション

　セミナーでは持ち時間が40分から1時間くらいと長いプレゼンテーションになりますので，発表者も聴衆も常に同じ集中度を保つことは困難です．トピックごとに要約を述べ，論点を明確にしましょう．よくある悪い例が，「要するに…」と前置きしながら，全く要点を得ない話し方をするというものです．また，要約を述べるときは特に聴衆とアイ・コンタクトすることが秘訣です．あなたのメッセージが聞く人の心に届くように心がけましょう．

　また，途中で質問が出ない場合に，1つのトピックのまとめを述べた後に，「この時点で何か御質問はありませんか？」と水を向けることもよいでしょう．ずっとあなただけが喋り続けている状態は，どうしても聴衆の緊張度が高まってしまうものです．あなた自身も，その間に水を飲んだりしてリラックスすることができます．

> **memo　「写真がみえないトラブルについて」**
>
> 　第2章「⑤ 画像や模式図の挿入」の項で述べてあるが，デジタルプレゼンテーションは液晶プロジェクタを用いるので，従来のスライドプロジェクタよりも画像はかなり明るいものとなる．したがって，「旧35 mmスライド」を標準とした明るさやコントラストの画像を貼り込んでいると，稀にその画像が「トンでしまい」みえなくなることがある．これは例えば切片の *in situ* 染色や免疫染色，培養細胞の明視野像などの白っぽいバックグラウンドの画像の場合に生じやすい．自分のコンピュータ上で問題なく映っていても，液晶プロジェクタの明るさ設定が高めになっていると，このようなトラブルに見舞われる．
>
> 　もし，セミナーの途中でこのような事態になったら，慌てずに「すみませんが，液晶プロジェクタの明るさ設定を少し下げてもらえませんか？」と，ホスト側にお願いしよう．「… ええと，本当はここにコレコレがみえるはずなんですが …」という言い訳だけ述べるのは，あなたの信用を落としかねない．

かたまりやすいアジア人？

　国際会議の中で「合宿形式」のものがいくつかある．例えばゴードンカンファレンス，コールドスプリングハーバーミーティング，キーストーンシンポジウムなどがそれである．テーマが絞られており，比較的参加者が少なく，原則として同じ敷地内の宿泊施設や会場となるホテルに参加者全員が寝泊りし，三食共にするという形式である．参加者同士が会議の場以外でもさらに交流しやすいようにということを目的としてこのような合宿形式になっている．

　ところが食事時に観察していると，アジア人が特に同国人同士で固まる傾向にあるように見える．ヨーロッパの非英語圏諸国の人たちもそうなのだが，どうしても黒い髪の毛の人間が集まっているのが目立つのである．もちろん，会議は英語（＝外国語）なので食事の時間くらいはリラックスしたい，という気持ちもわかる．しかし，せっかくわざわざ日本からお金と時間をかけて参加しているのであれば，これは損をしているとしか思えない．「May I join you？（ご一緒してもいいですか？）」と話しかけて，食事をともにしてみよう．

　食事時の話題はもちろん何でも構わない．普通「I am XXX YYY, coming from Japan.」などという挨拶から始まる．以下に話題に困ったときのフレーズを挙げておこう．

　　What are you working on？
　　Is it your first time to attend this meeting？
　　Have you ever been to Japan？
　　Are you enjoying the meeting？

第5章
＜応用編＞
さらに
プレゼンテーションが
上手になるために

この章では，すでに国内の学会発表などの経験がある方が，さらにいろいろな種類のプレゼンテーションにチャレンジする際のキーポイントについて扱います．プレゼンテーションはすればするほど上達すると思って間違いありません．国際学会での発表，ティーチングアシスタントとしての講義や実習の説明など，積極的に機会を利用しましょう．

❶ 国際学会での発表

　最近は大学院生が国際会議で発表する機会も多くなってきました．さらに国内学会でもよりグローバルにするために，ポスターやスライドの中身を英語で書くように求められることも多くなってきました．あなたの発見をより広い世界に向けて発信することは，とても重要でやりがいのあることです．国際学会での発表に「英語力」が必要なことはもちろんですが，まず大切なのは「中身」すなわち「データ」であることは当然です．このデータがしっかりしていて，さらにプレゼンテーションアイテムの構成やデザインがよければ，発表の半分は成功したと思って構いません．あなたの英語がどんなに拙くても，メッセージの半分は伝わるでしょう．

国際学会でのポスター発表

　プレゼンテーションアイテムの作成としては，英語で表現することを除いて，基本的に国内向けのポスター発表とほとんど変わりません．みやすく読みやすくわかりやすいポスターを作成することが大切です．箇条書きの場合には名詞表現にした方が簡潔になります．付図説明でも簡素な書き方を旨とします．そうすると，プレゼンテーションでは**動詞などを補いながら話せばよい**ということになります．この方がアドリブがきいて，生き生きとしたプレゼンテーションになるでしょう．逆に言うと，だらだらと書かれた説明文をそのまま棒読みされるのは，とても退屈な印象になってしまいます．

　日本語での場合と同様に，ポスター発表はポスターに掲げられたデータという素材を前にしてディスカッションをすることができます．少々文法の誤りがあろうと気にせずに，とにかく**キーワードを**はっきり言うことで，あなたの言いたいことを相手に伝えましょう．もちろんアイ・コンタクトを忘れずに！

　老婆心ですが，発表が終わるまでは旅程の間中ポスターは必ず機内持ち込みにしましょう．預けた荷物が出てこなくて発表できなくなってしまったら，元も子もありません．

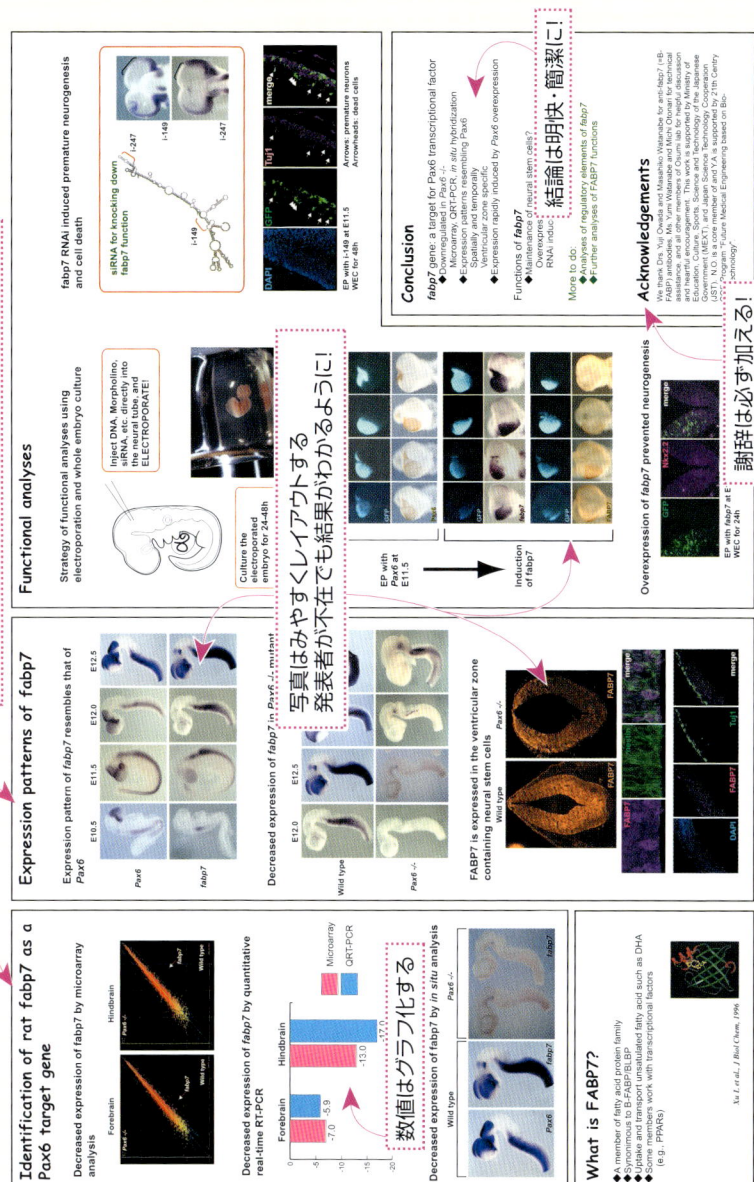

第5章 応用編 さらにプレゼンテーションが上手になるために

◆ 国際学会のポスター一例

国際学会での口頭発表

　プレゼンテーションアイテムの作成としては，英語で表現することを除いて，基本的に国内向けの口頭発表とほとんど変わりません．みやすく読みやすくわかりやすいプレゼンテーションアイテムを作成することが大切です．

　日本語の一般演題で座長に対する挨拶から始めることは滅多にないですが，国際学会は国内学会よりもややフォーマル度が高いので，「Thank you, Dr. XXX（chair person's name）．」で始めることが多いようです．というよりも，そのように決めてしまっていた方が，言葉が出てこないで困るということがありません．また終わりも，日本語の「… 以上です．」に対応する最後の言葉はやはり「Thank you．」が適当です．

　デジタルプレゼンテーションを海外で行う場合に，悩ましいのはどのようにしてファイルを運ぶかという点です．プレゼンテーションが滞りなく行われるのに恐らくもっとも確実なのは，自分のラップトップ型コンピュータにファイルを入れて持っていくことです．この場合，飛行機の中でも空港のロビーでも，最終修正や最終チェックや発表のイメージトレーニングを行うことが可能です．問題は機内持ち込みのやっかいな荷物が増える点ですが，これは致し方ありません．また，国によっては日本のプラグが使えないので，海外用のコネクタを準備する必要があります（アメリカ合衆国は大丈夫です）．

　ハードウエアは学会場に具備されているもの，あるいはあなたの発表の前後の発表者のものを使うのであれば，CD-ROM に焼いていくか，USB 対応のメモリスティックなどと呼ばれる一種の外部ハードディスク（大容量記憶デバイス）にコピーして行くのが便利です．セッションが始まる前に，発表で用いられるコンピュータのハードメモリにファイルをコピーしておきます．ただしこの場合は直前に修正することなどはできません．PowerPoint file を印刷しておき（この場合は 1 頁に 6 枚配置などにするとよいでしょう），それを使って練習することになります．

　コンピュータ持参の場合でも，バックアップとして CD-ROM やメモリスティックにファイルを保存しておくことをおすすめします．また，スライドを印刷したものも，待ち時間などにコンピュータを立ち上げるよりも素早くチェックできて便利です．

第5章 応用編 さらにプレゼンテーションが上手になるために

英語でのプレゼンテーションで注意すべきポイント

よく使うフレーズなどは，巻末付録にて紹介している参考書『科学者のための英語口頭発表のしかた』（朝倉書店）にまとめられていますので，参考にしてみてください．また，『医学・生物学研究者のための絶対話せる英会話』（羊土社）や『国際医学会発表テクニック』（メジカルビュー社）にはCD-ROMが付いており，実際の発音を聴くことができます．

Thank you, Mr. Chairman. はご用心！

先日とある国際会議に出席したときのこと．あるセッションは Dr. X という女性が座長をしていた．ある日本人のオジサン（これは差別用語だったかしらん？ 正しくは「年配の男性研究者である Y 先生」）の発表になって，X 座長が某 Y 先生を紹介した．某 Y 先生の第一声は，なんと「Thank you, Mr. Chairman.」であった！ 思わず同じ日本人として恥ずかしくなって回りを見回すと，傍にいた女性研究者がこちらを向いて「信じられない！」というブーイングの表情をしていた（ここまで読んで筆者が何を言いたいのかわからない人は，現代的かつ国際的センスに欠けるので要注意！）．

恐らく 50 年前の発表マニュアルにはそう書いてあったかもしれない．女性が国際会議で発表するなんてことがなかった時代には．日本語の「座長」が男女共に使えるということも「座長＝ Chairman」という公式を覚えこんでしまう原因であったのだろう．ちなみに現在では「Chairman」ではなく「Chair」もしくは「Chairperson」という呼称が性別を問わず使えるので一般的になっている．座長が男性であれば「Thank you, Mr. Chairman.」でも古風ではあるが間違いではない．しかし某 Y 先生はアガっておられたのか，原稿に書いてあった通りにお読みになり（ハイ，だから読み原稿はつくらないように！），座長が誰であるかも認識されていなかったようである．

教訓．いつでも誰に対しても使えるように 1 つだけマニュアル化するとしたら，「Thank you, Dr. Z」のように必ず座長の名前を使うようにするのがよいだろう．ただし，ここで Dr. Z の「姓」で呼びかけるのを，間違って「名」にしないこと．慣れていない外国人の名前はどちらが姓かわかりにくいことがあるので注意．すでに座長と面識がある場合は「Thank you, Gillian.」のように「Dr.」という敬称は付けずにファーストネームにしてもよい．でも，とても目上の先生が座長のときにファーストネームでお呼びするのにちょっと抵抗があるのは，私の感覚が古いのでしょうか…？

母国語でない英語での発表のための準備として，最初は発表原稿を用意することもよいでしょう．この場合，指導教官や先輩，理想的にはnative speakerに発音をチェックしてもらい，それをメモとして原稿に書き入れると効果的です．英語ではイントネーションとアクセントが重要です．アクセントの位置や，強調する単語をマークしましょう．ただし，くれぐれも「発表原稿を読む・覚える」ことのないようにしましょう．また，何度も原稿を書き直すよりは，声に出して練習しましょう．そうでないと，結局話せる英語は決して身に付きません．

　文と文をつなぐフレーズを上手く用いて，トークに論理性があるようにしてください．「So」というのは比較的曖昧なので，なるべく「Therefore」「In addition」「Conversely」などを使い分けましょう．「Thus」は書き言葉なのでトークでは使いません．ポスターの中やスライドの中のデータを示す場合には「As shown here, ...」などと，「...here」のところで指したいアイテムをしっかりと指しながら強調するとよいでしょう．

> **memo　「英語のピッチは4段階」**
>
> 　もっとも聞き取りにくい英語は，だらだらと平坦な喋り方の場合です．もともと日本語ではあまりピッチ（音の高さ）が意識されず，場合によっては2段階くらいになっていることが多いようです．これに対して，英語では4段階のピッチが使い分けられているといいます．ピッチの使い分けによって，言葉がより生き生きとしたものになり，プレゼンテーションの内容が聴衆に伝わりやすくなるのです．

❷ 講義などを任されたら

　生命科学系ティーチングアシスタント（TA）として一番多いのは，いわゆる「実習」のお手伝いでしょう．「実習」はスタッフなどが中心となって予備実験を行い，ある程度上手くいくような条件をみつけておいて，実際に学部学生に実験してもらうものです．このとき，学生相手に実験の背景，目的，全体の流れや手順を説明するようなプレゼンテーションを行うことがあります．あるいは，博士課程の学生がTAとして修士課程の学生にゼミ形式の講義を行うような場合もあるでしょう．このような機会はぜひ活用すべきです．実際に「人に教えようとする」行為は，自分自身にとっても深い理解につながるものです．

講義で注意すべきポイント

　最も気をつけなければならないのは，相手の理解レベルです．数年前までは自分も同じくらいのレベルであったのに，少しプロへの道を歩み始めると，「素人」の感覚から遠ざかるために，必要以上に細かい知識を並べ立てたくなるものですが，これは避けなければならなりません．

　実習の説明の場合には配布したハンドアウトをみてもらいながら説明することが多いでしょう．必要に応じて実験の原理やその予備知識を説明するために，ハンドアウトには載っていない図などを，黒板（あるいはホワイトボード）に書き加えたり，

◆ 講義の配付資料の例

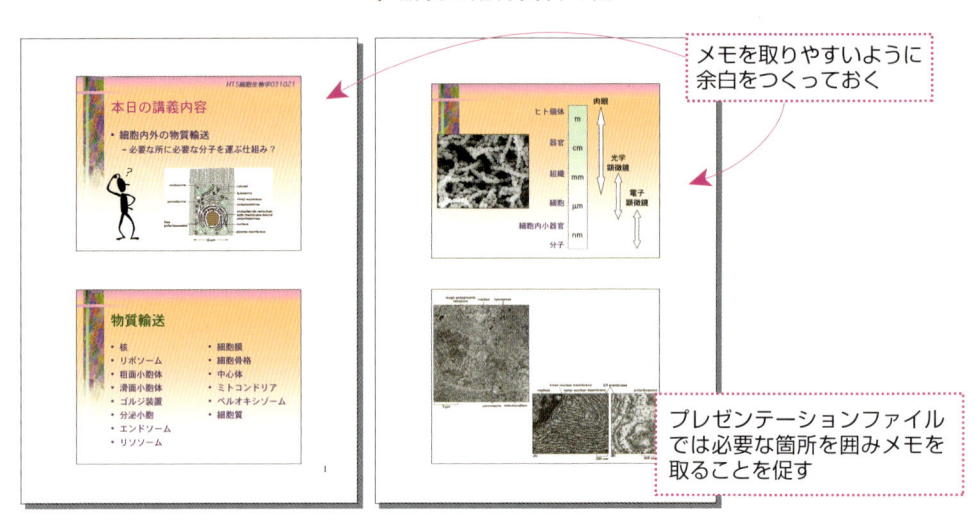

（メモを取りやすいように余白をつくっておく）

（プレゼンテーションファイルでは必要な箇所を囲みメモを取ることを促す）

OHPを使うのもよいでしょう．また大事なポイントの単語を黒板（あるいはホワイトボード）に書くと，学生は反射的にそれを書き写すものです．手を使った方が記憶に残りやすいので，この方法は有効です．

> **memo 「効果的なハンドアウト」**
>
> 授業に用いるPowerPointファイルを「配付資料」として印刷したものをハンドアウトとするとよい．この場合，A4の紙1頁（縦長）に2枚のスライド配置にするのが標準的であろう．A4の紙1頁（縦長）に6枚のスライド配置の場合だと，場合によって印刷した字が小さすぎて読めないことがある．A4の紙1頁（横長）に4枚のスライド配置にする印刷も可能であるが，この場合は余白が全くなくなってしまいメモを書き込みにくいので，授業などのハンドアウトとしてはおすすめしない．なお，経済的な見地から言って，ハンドアウトはカラーでなくても十分であろう．自分用にはカラー印刷したものを残し，配布するのはその白黒コピーにするとよい．

講義の場合は人数によってプレゼンテーションアイテムを選びましょう．ごく少人数であればOHPでも十分ですが，20人程度以上いるのであれば筆者はやはりPowerPointをおすすめします．

講義の内容によってスライド作成はさまざまですが，図を有効に利用するとインパクトが大きく効果的であることは，これまで述べてきた通りです．図は自分の手で描

第5章 応用編 さらにプレゼンテーションが上手になるために

◆ 引用時のクレジットの加え方

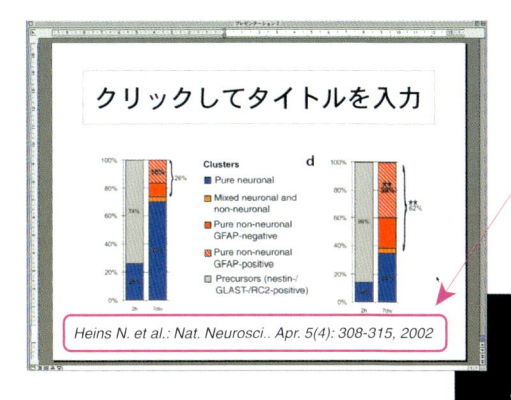

著者名，雑誌名，巻数，頁番号，発行年，出版社名などを明記し，必ず出所を明らかにする

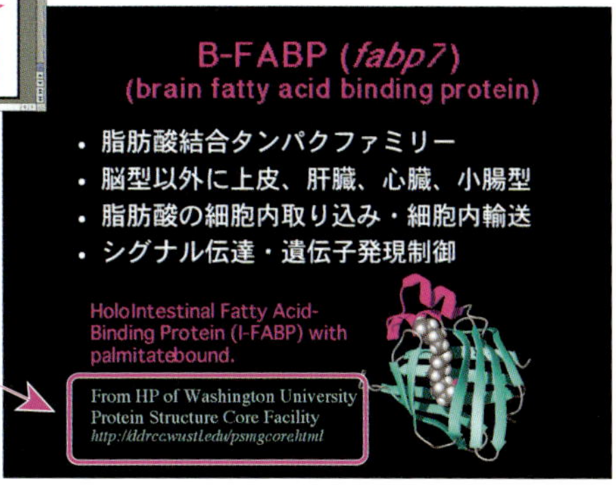

Webからダウンロードした場合はURLアドレスだけではなくサイト名や主催者名も明記する

いたものであれば著作権の問題がなくてよいですが，さまざまなグラフィックアイテムの入ったCD-ROMなども市販されています．また，ウェブ上にクレジットフリーな図案集などもあります．一般的なのは教科書や総説などから図を引用することです．スキャナで画像を取りこみ，JPEGなどの圧縮ファイルにしてから挿入します．この場合は口頭で説明するだけでなく，必ずクレジットを明記するように心がけましょう．クレジットというのはこの場合「誰がその情報の責任と権利を有するか」が最も大切な要素であり，さらに「いつの情報か」も場合によっては大切です（上図参照）．教科書であれば「Developmental Biology, Scott Guilbert, 7th Ed」などの書名は必ず明記しましょう．総説はそれが載っていた雑誌名，巻，頁，発行年も明記しましょう．またウェブからダウンロードした図などで「誰」が明確でない場合には「どのような組織のホームページ」からダウンロードしたものかなども記すべきです．単にhttp:// で始まるURLのみを挙げても意味がありません（上図参照）．また，利用法によっては著者や出版社からの許可を必要とする場合もありますので，必ずルールを守りましょう．

　たいていの場合，聴衆は自分よりも若い素人なので緊張度は低いと思われますので，のびのびとプレゼンテーションしましょう．とてもよい練習になるはずです．

❸ ジョブトーク

　現在，生命科学系の分野では，博士課程を修了した人たちの多くは「博士研究員（postdoctral fellow，日本語通称ポスドク）」や「助手」のポジションに進むことになります．自分の出身研究室以外の研究室にポスドクや助手として採用されるためには，履歴書，業績，推薦状などによる書面審査に加えて，「ジョブトーク（あるいはジョブセミナー）」を行うことが一般的になってきました．

　ジョブトークをするような人は，もちろんもうビギナーではなく，これまでに学会発表やセミナーなど数々のプレゼンテーションの経験があるでしょう．ただし，普通の学会発表やセミナーとジョブトークはかなり異なります．ジョブトークはあなたにとって職を得るために直接かかわる大切なプレゼンテーションです．形式的にはジョブトークは第4章で説明した「⑥セミナー」に準じています．みやすく読みやすくわかりやすいプレゼンテーションアイテムを準備することも全く同じです．あなたの発見を論理的に伝えるというプレゼンテーションの本質は変わりません．ただし，いくつか考慮すべき点があります．

ジョブトークで注意すべきポイント

　まず，通常のセミナーは主催する側が講演者の話をぜひ聴きたいと考えて招待しているのですが，ジョブトークの場合はプレゼンテーションをする方の人がセミナーをお願いしているという関係になります．つまり厳しいことを言うようですが，セミナーを聴く聴衆（将来のボスも含む）は，必ずしもあなたの発見そのものに興味があるわけではありません．むしろあなたがこれまでに習得したテクニックや，研究を進める上での態度について知りたいと願っているのです．

　したがって，ジョブトークでは結果を説明する際に，どこまでの結果が自分自身の実験によって得られたものであるかを明確に話す必要があります．自分がちょっとだけお手伝いした仕事をあれこれ盛り込んでもあまり効果的ではありません．どんな問題設定に対してどのように取り組んできたかのメインストーリーをはっきりと伝えるようにしましょう．

　また，ジョブトークを聴く相手のバックグラウンドは，必ずしもあなたに近いとは限りません．事前にホームページや論文データベース（PubMedなど）をサーチして，相手の研究室の研究内容について予備的知識を得ておき，自分の研究との接点がどこにあるかを考え，それを「背景」に盛り込みましょう．あまり包括的で細かい背景を

第5章 応用編 さらにプレゼンテーションが上手になるために

説明するのもよい印象にはなりません．あなた自身の成果を説明するのに必要なだけの背景があれば十分です．聴衆はあなたのこれまでの研究分野に必ずしも興味があるわけではないのです．さらに，その分野での特殊な専門用語はなるべく平易な言葉に言い換える配慮も必要です．

質問の準備は万全に！

ジョブトークでは通常のセミナーの場合よりも質疑応答の時間を長く設定することが一般的です．沢山のデータをみせ，長いプレゼンテーションをして聴衆を飽き飽きさせるのではなく，プレゼンテーション自体は最も強調したいデータを中心に簡潔にまとめ，質問されたらそのことについて説明する方が好感がもてます．このような質問対策として，スライドの一部を「非表示」にしておくか，最後に入れておくことをおすすめします．後述の「裏技」を参照してください．ジョブトークを行わずに，将来のボスがインタビューを行うだけの場合もありますが，ジョブトークの中での質疑応答では，他の人からの質問に対する受け答えもするので，あなたの人間性がより表れやすくなります．批判的な質問に対してどれだけ落ち着いて論理的に答えられるか，その様子をみられているのだと思っていてください．

ジョブトークの準備はくれぐれも入念に行ってください．コンピュータは自分が普段使っているラップトップ型のものを持参するのが一番安心です．その中にはプレゼンテーションでは使わないデータなども，すぐみやすい形で保存しておくとよいでしょう．予期しない質問などに役立ちます．もちろんバックアップとしてCD-ROMかメモリスティックにコピーしたファイルも持参しましょう．リハーサルを行うことも大切です．可能であれば，自分の研究室以外の先生や友人にみてもらうと，専門外の人の印象を聞くことができます．

❹ 他人の発表から学ぼう

　学会発表は自分のプレゼンテーションの晴れ舞台であるだけでなく，次の発表を目指すために他人のよい・悪い発表例をみる機会でもあります．印象的だった発表，分かりやすかった発表，逆にそうでなかった発表について，その理由を分析してみましょう．他人の発表については客観的な判断ができるものです．プレゼンテーションアイテムはどうだったか，プレゼンテーションの態度はどうだったか，なるべく要素に分けて捉えることが重要です．それを参考に，自分の発表がどうであったかについて反省してみるとよいでしょう．また，よかった発表については，発表後に「とてもよいプレゼンテーションでしたね」などと相手を褒めることも大切です．お互いに encourage することができれば，よりプレゼンテーション技術が向上することになるでしょう．

「国際感覚」ということ・その1

　海外の，特にアメリカ本土で行われる国際会議に出席すると，アメリカ人が最も「国際感覚」に欠けているのではないかとつくづく感じる．一部の心ある研究者を除いて，彼らはほとんど「外国語」を喋ることができない．NHK（日本放送協会）には日本の一般人のもつ苦手意識を払拭するための「英語でしゃべらナイト」という英会話啓蒙番組があるが，アメリカの一般人に対しても「英語以外でもしゃべらナイト」という啓蒙活動をすべきである．

　なぜか？　彼らは，苦労せずに覚えた母国語が科学の世界のどこでも通じることに胡坐をかきすぎている．例えば日本人の発表者に対して理解しやすい標準的な英語で質問しない．相手が聞き取れないで困っているのに，言い換えても同じように早口でまくし立てる．相手を理解して合わせようという協調的な態度が全くみられない．

　聞き取れなかったら堂々と「Could you please ask your question slowly？（もう一度ゆっくり言ってもらえませんか？）」と言おう．それは決して恥ずかしいことではない．あるいはニッコリと「Could you speak in Japanese？ Otherwise, would you say it again more slowly？」くらい言うウィットがあってもよいだろう．本来サイエンティストが勝負すべきなのは科学的な論理性やデータの確かさであって，外国語を話す能力ではないのである．

❺ 裏技集

PowerPointのリハーサル機能を利用した練習

　特に時間の限られたプレゼンテーションの準備を行うには，PowerPointのリハーサル機能を利用した練習をすると効果的です．スライドの枚数だけでなく，PowerPointはアニメーションや画面切り替えのやり方次第でも必要な時間がかなり変わりますので，十分に検討する必要があります．

　[スライドショー] メニューの中の [リハーサル] を選択すると，スライドショー画面の中にタイマーが表示されるようになります．マウスをクリックしたり，キーボードの [↓] キーを使ってスライドを進めていくと，アニメーションの実行やスライド切り替えのタイミングが記録されます．スライドショーを最後まで実行するとそのタイミングを保存するかどうかが聞かれます．通常は [いいえ] を選択すればよいのですが，うまく時間配分ができるようになったら，[はい] と保存して画面の切り替えを自動にし，それをもとに練習することもよいでしょう．ただし最終的には [画面切り替え] の [自動的に切り替え] のチェックを外して，マウスやキーボード操作で行う設定に戻すことが必要です．

　詳しくはPowerPointのマニュアルか，参考書『デジタルプレゼンテーション』（秀潤社）を参照してください．

◆ PowerPointのリハーサル機能の利用

タイマーが表示

練習中はタイミングを保存せず（[いいえ]）何度も練習しよう

マウスやキーボード操作で画面の切り換えを設定する

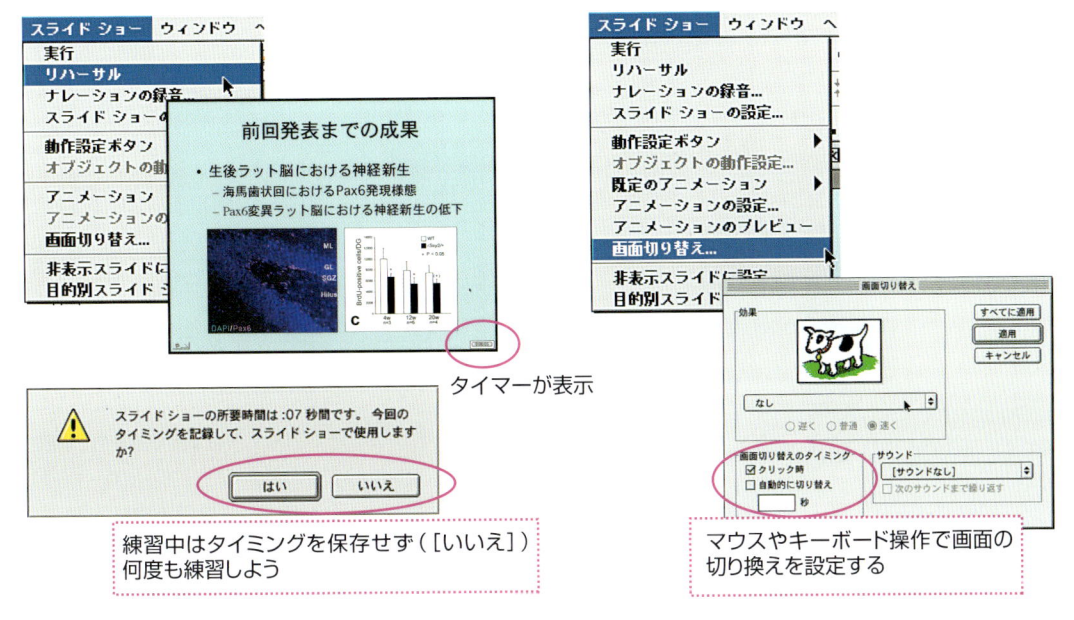

スライドの一部を非表示にしておく

デジタルプレゼンテーションの場合に，リハーサルを行ってみると時間がスライド○枚分どうしても足りない，でも質問対策用に入れておきたい，などということがありえます．このとき「スライドの一部を非表示にしておく」ことができます．

スライド一覧モードで目的のスライドを選択し，［スライドショー］メニューから［非表示スライドに設定］をクリックすると，ファイルからは削除されずにスライドショーの対象にはならなくなります．プレゼンテーションが終わってスライドショーを終了したときに必要があれば，そのスライドを「編集画面」としてみせることができます．

あるいはもっと簡便な方法としては，最後のスライドの後ろに1枚黒（あるいは濃いめのグレー）のスライドを入れ，その後ろに残しておきたい/質問対策用スライドを回しておきます．プレゼンテーションを行って黒いスライドが出たら，そのままスライドショーモードのまま質疑応答し，必要があれば画面を切り替えればそのスライドが出てきます．

◆ スライドの非表示の仕方1

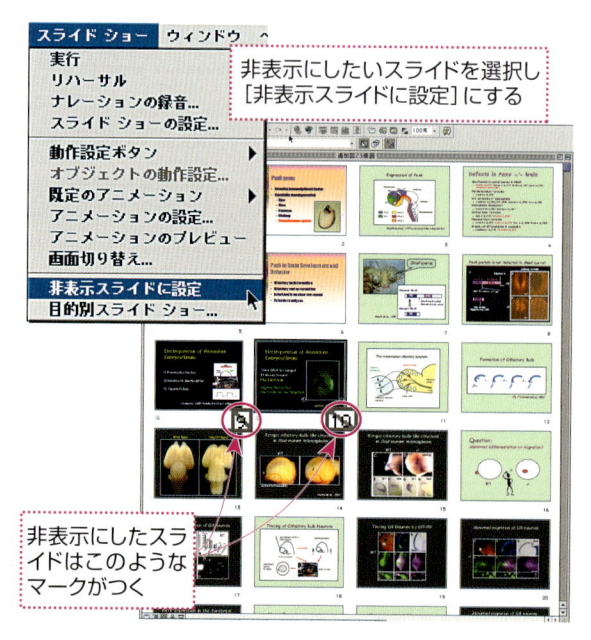

非表示にしたいスライドを選択し［非表示スライドに設定］にする

非表示にしたスライドはこのようなマークがつく

◆ スライドの非表示の仕方2

非表示にしたいスライド

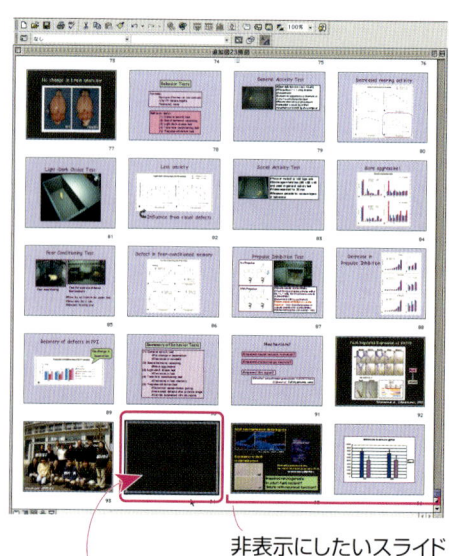

非表示にしたいスライドの前に黒いスライドを作成しておいてもよい

第5章 応用編 さらにプレゼンテーションが上手になるために

重たいファイルをスリム化する

　本書で何度も繰り返し述べていますが，PowerPointファイルは可能な限りあまり重くならない（ファイルサイズが大きくならない）方がよいでしょう．重たいファイルは「画像が映らない」「次のスライドが出てくるのに時間がかかる」「ハンドアウトの印刷が途中で止まってしまう」などのトラブルにしばしば見舞われるからです．

　では，もしすでにつくってしまった重たいファイルはどうしたらスリム化できるでしょう？　このような必要性は，例えば学生さんがプログレス発表で作成したPowerPointファイルを利用してセミナーのプレゼンテーション用のファイルを作成したい，あるいは，他の研究者からいただいたデータを取りこんで用いたいなどの場合にも生じます．

　まず，スリム化したいファイルを立ち上げます．たいていの場合，ファイルが重い理由は貼り込んだ画像が大きい（ファイルサイズが大きい）ことによるはずです．そこで，該当しそうな大きな画像を載せたスライドを画面に出します．その画像を選択し，［コピー］します．この状態でPhotoshopを立ち上げて，メニューバーの［ファイル］から［新規...］を選択すると，自動的にコピーした画像がちょうど貼り込める大きさの画面が開きます．そこに［ペースト］すると，Photoshop上で編集できる画像ファイルが作成されます．

　この状態でまず，［背景］と［画像を統合］し，ファイルサイズがどのくらいかをみてみましょう．左下隅に「20M」などと表示されているはずです．メニューバーの［イメージ］→［画像解像度...］を選択し，ファイルサイズがpixel寸法として，例えばだいたい1200×800程度になるようにします．画像の縦横比はもちろん変えないようにしてください．これでファイルサイズはだいたい2〜3 Mbになるでしょう．

　さらに［別名で保存...］を選択して，ファイル形式をJPEGにします．JPEG形式であれば，同じPowerPointファイルをMacintoshでもWindowsでも使い回せて便利です．［画像オプション］の［画質］を［最高画質（低圧縮率）］にして［保存］すると，だいたい200〜300 Kbのファイルサイズにスリム化されているはずです．なお，ファイル名に「.jpg」という拡張子を付けておくと，後でわかりやすく便利です．

　さて，もう一度PowerPointに戻りましょう．さきほどのスライド画面の画像を［編集］→［消去］します．ここにスリム化した画像を貼り込むのですが，［コピー＆ペースト］ではなく，メニューバーの［挿入］→［図］→［ファイルから...］を選び，先ほどの画像ファイルを探して選択します．そうすると，スリムになった画像ファイ

ルがスライドに貼り込まれます．

　同様のことを繰り返すと，その結果としてPowerPointファイル全体がぐっとスリムになります．一見面倒なようにみえますが，そんなに難しい作業ではありません．その効果は絶大ですので，重たいPowerPointファイルを持っている方はぜひスリム化してみてください．

「国際感覚」ということ・その2

　同じ英語を母国語としていても，ヨーロッパの中で揉まれているイギリス人は，まだ他言語を母国語とする人に対して配慮があるように思う．そもそも，伝統的にはアカデミアにいる人間は英国人でもフランス語，ドイツ語，ラテン語くらいに関しては，そこそこの会話ができたり，論文も読む能力をもっていたのであった．それが第二次世界大戦以降に大きく変わり，英語があまりに偏重されるようになったのである．

　これはアメリカにおいて研究者の人口が爆発的に増加したことと無関係ではないだろう．アメリカは国策として「外国語ができなくてもよいからサイエンスの世界をリードする研究者を育てよう」という方針を取り，それはまさに大成功したといえる．実際には現在ではアメリカのサイエンスを支えているのは外国人であり，彼らに「英語」を押し付けているのである．

　「言語」は大切な文化である．国民としてのアイデンティティーである．筆者は日本人のマジョリティーが「日本語の能力を損なってまで」英語を習得する必要はないと思う．むしろきちんと身に付けるべきは，相手や相手の文化をリスペクトする心であり，ともすると論理性に欠ける日本語という言語を科学の世界でどのように用いればよいか工夫することである．論理的な日本語を使うことができれば，それは容易に「翻訳」できるであろう．自動翻訳ソフトなどはぜひ開発すべきであるが，そのときにエラーの少ない日本語を話す・書くことが重要である．もちろんバイリンガルに育った人はその能力を大いに生かすべきである．しかし，バイリンガルでないことは決してハンディキャップではない．どちらもその人の個性である．

付 録

❶ プレゼンテーション用語集…112

❷ 質疑応答用語集…114

❸ 参考書…115

❶ プレゼンテーション用語集

> 混同してはならない言葉

● 他人の発見や考察

「… ということが知られています」 　→ 実験事実などが一般的に理解されている 「… と考えられています」 　→ 一般的に受け入れられているが，根拠に欠ける場合もある 「○○によれば，… と考えられています」 　→ 一般的ではないが，その考察を述べた人がいる 「… という報告があります」 　→ 一般的に理解されてはいないレベルであるが，証拠となる文献などがある

● 自分たちの発見や考察

「… ということが見いだされました」 「… という結果が得られました」 「観察の結果，… ということがわかりました」 「この結果は，… ということを意味します」 「この結果から，… ということが考えられます」 「この結果から，… ということが示唆されます」 「この結果から，… ということが示されます」 「… という可能性が考えられます（示唆されます）」 「私は（われわれは，私たちは）… と考えています」

> 論理構築をはっきりさせる言葉

　あるスライドの内容を説明し，次に移るとき，その前後の論理的関係がはっきりするような接続詞・接続句で，次のスライドに移ることが大切です．

「そこで次に… 」（順接） 「ところが，次のような実験を行うと」（逆接） 「以上をまとめますと… 」（要約） 「以上のような背景をもとに，われわれは以下のような実験を行いました」 「以上のような仮説に基づき… 」 「この結果から次に… のような疑問が生じましたので… 」 「この点を確かめるために… 」

> 「このような結果から，次のようなモデルが考えられます」

発見の意義を際立たせる言葉

　言うまでもなく，生命科学系のプレゼンテーションはあなたの発見を世に知らしめるための手段です．したがって，その発見がどれだけ重要か，これまでの知見との関係について，はっきりと述べる必要があります．

> 「この発見は，今まで言われていた… という説を覆すものです」
> 「この発見は，これまで提唱されていた○○による仮説を支持するものです」
> 「今回の結果は，○○らの結果とほぼ一致していますが，△△の点においては異なります」
> 「これまで遺伝子 XX については YY に関する機能が知られていましたが，今回われわれは新たに ZZ にもかかわることを明らかにしました」

今後の展望

> 「今後… の点を明らかにしていきたいと思います」
> 「今後… についてさらに詳細な解析を行う予定です」
> 「今後は… の点に関しても解析したいと考えています」

謝　辞

　謝辞はあなたの研究を助けてくれた人たちをリスペクトする行為です．一般演題では時間的な制約から，感謝の意を表す人の名前を挙げている時間はないでしょうが，最後に1枚スライドをつくりみせるだけでもよいと思います．ワークショップなどに選ばれたら，共同研究者や抗体などを供与された人に感謝の意を述べましょう．また時間的に余裕のあるセミナーなどではぜひ言うべきです．

> 「ここに掲げた方々には，抗体等をいただきました．この場を借りて感謝いたします」（時間がない場合）
> 「最後に謝辞として，○○先生には XX のコンストラクトをいただきました．△△先生には□□法に関するアドバイスをいただきました」

❷ 質疑応答用語集

沈黙を避けるには？

とにかくプレゼンテーションにおいて，沈黙は決して「金」ではなく自殺行為に等しいものです．可能な限り沈黙の時間がないように，英語では「That's a good point.」などとまず答えることが一般的です．日本語の場合は「それはよい質問です」などの直訳はあまり好ましくありません．質問の後に「そうですね…」などの言葉をまず挟み，その間に答えを考えましょう．あるいは，「ご質問のポイントは… ということですか？」と確認して時間を稼ぐという手もあります．

その他の例としては以下のようなものもあります．

> 「端的に答えるとすると，イエスなのですが，実はこんなことも観察されています．したがって…」

答えにくい質問がきたら？

答えにくい質問が来たときに考え込んではいけません．とにかく下記のようなフレーズで切り抜けましょう．

> 「その点に関しては，今後調べたいと思っています」
> 「それについてはまだ観察していませんが，ぜひ行いたいと思います」
> 「その点についてはわかりません．ただ… ということは観察しています」
> 「ご指摘の点は非常に興味深いので，今後詳細に検討したいと思います」
> 「そのような可能性はこれまで考えておりませんでしたが，大変興味深いのでよく検討してみます」

ただし，答えにくい質問は重要な指摘を含むことも多いので，発表が終わったらメモに残し，今後の研究に役立てましょう．

わからないことを質問されたら？

素直に「私にはわかりません」と答えるべきです．くどくどと関係ないことを述べるのはマイナスの印象になります．

③ 参考書

以下は筆者が実際に読んだものであって，決して孫引きではありません！ 購入の際に参考にしてください．★の数はおすすめ度を表します．

ポスター発表関連

● 『ポスター発表はチャンスの宝庫』
今泉美佳／著　羊土社　★★

基本的に 2 色刷．はじめてポスター発表をするビギナー向き．といっても，データアイテムの作成に関してはほとんど書かれていないので，研究室の先輩に教わる必要あり．巻末の「よいポスター実例」は，いろいろな例があって参考になる．ただし発表の 8 週間前からポスター制作の準備に取りかかるというマニュアルは，実際的ではないかもしれない．筆者の研究室では 8 週間前は皆データ取りに夢中である．

PowerPoint を用いたプレゼンテーション関連

● 『PowerPoint のやさしい使い方から学会発表まで』
谷口武利／編，羊土社　★★★

データアイテムの作成法に詳しく，またフルカラーで PowerPoint の使い方も順を追って丁寧に説明している．すでに PowerPoint ユーザになっている人にも，いろいろな技を学ぶのに，どこからでも読めるスタイルになっている点がよい．また PowerPoint ファイルから配付資料の印刷法，OHP シートへの印刷，35mm スライドの出力なども掲載されている．CD-ROM 付き．

● 『デジタルプレゼンテーション』
内田 整，讃岐 美智義，橋本 悟／共著，秀潤社　★★★

PowerPoint を用いたデジタルプレゼンテーションに特化したマニュアルとして，特に動画とアニメーションの説明や，実際に液晶プロジェクタとつないでからのコンピュータ操作の記載が非常に素晴らしい．フルカラーで説明文もわかりやすいのでおすすめ．付録のプレゼンテーション自己評価チェックリストの中の「服装と身だしなみ」については，少々やりすぎの感あり（例：腕時計やベルトなどの装飾品は適当である．体臭・口臭に対するケアをしてある）．CD-ROM 付き．

● 『できる PowerPoint2000 Windows 版』
田中 亘＆インプレス書籍編集部／編　★

PowerPoint 2000 のマニュアルとして，実際の操作画面に即した形で書いてある．基本的には生命科学系ではなく営業などのためのプレゼン向け．オールカラーな

ので見やすさと煩雑さが半々というところ．マニュアルには「専門用語」が多いが，巻末に用語集としてまとめられているのは便利．

英語によるプレゼンテーション関連

●『医学・生物学研究者のための 絶対話せる英会話』
東原和成／著，羊土社　★★★

「研究室内の日常会話から国際学会発表まで」という副題の通り，生命科学系の英語でのプレゼンテーションの参考に非常によい．冒頭の「バイオサイエンス用語の正しい発音」と巻末付録の「数や記号の読み方」に関しては，ぜひ目を通すべき．プレゼンテーションアイテムはOHPを標準としてはいるが，よく使うフレーズはデジタルプレゼンテーションでも十分役立つ．CD-ROM付き．

●『国際医学会発表テクニック』
Manfred C. Chiang, 吉田和彦, 原岡笙子／著．メジカルビュー社　★★

内容が医学関係に特化しており，プレゼンテーションアイテムがスライド中心ではあるが，英語でのプレゼンテーションの参考によい．CD-ROM 2枚付きで，音声からも学べる．

●『科学者のための英語口頭発表のしかた』
中山 茂／著，朝倉書店　★★

1989年に刊行されてすでに14刷を重ねている名著．英語口頭発表の流れに沿って，よく使うフレーズを沢山のバリエーションで掲げている点は素晴らしい．ただし，これを発表原稿を書くために使ってしまっては決してよいプレゼンテーションはできないであろう．とにかく自分で話して練習しながら英語を覚えるようにすべきである．プレゼンテーションアイテムの準備法はOHPが中心．

色覚バリアフリープレゼンテーション関連

●『色盲の人にもわかるバリアフリープレゼンテーション』
岡部正隆, 伊藤 啓／著　http://www.nig.ac.jp/color/index.html　★★★

強度第一色盲であり第一線で活躍している生命科学研究者の著者2人が管理しているホームページ．生命科学分野のプレゼンテーションにおける色覚バリアフリー化に関する情報が満載されている．「色盲の人にも色盲でない人にも見やすい色のセット」などをぜひ参考にされたい．

おわりに
－すこし長めのあとがき－

　そもそも本書を書くことを思い立ったのは，筆者の主催する研究室の中で日常的に行われるジャーナルクラブ，プログレス発表，学会リハーサルなどの折に，せっかくのデータを美味しく食べさせてくれないケースが多々あったためでした．そのたびごとにスライドづくりの原理原則を説明したり，学会直前などの場合によっては直接 PowerPoint のファイルを大学院生と一緒になって修正したりを繰り返すことになります．ということは，このようなノウハウを紹介した本を出版すれば，生命科学系のビギナーにとって（さらに，その指導教官にとっても）ためになるのではないか，と思い至ったわけです．

　実は調べてみると，すでに世の中にはこの手のマニュアル本が多数出回っておりました（巻末付録にて紹介している参考書を参照）．ところが，生命科学分野におけるプレゼンテーションの本質であるところの「新しい発見をいかに他人に伝えるか」という肝心のことが伝わるようには思えない本が多いことにも気付きました．

　本書の冒頭で述べましたように，本書は決して「マニュアル」ではありません．めざしているのは，「こういう素材はこんな風に料理すると美味しいですよ」ということを書き表しているのであって，「材料何々を何グラム…」というレシピではないのです．あるいは「こんな料理だったらこんなお皿に載せると映えますよ」ということをお示ししたいのです．本来プレゼンテーションは個性を発揮する場なのですから，皆が画一的になってしまってはつまりません．ですが，やはり「よい」「悪い」は歴然とあるのです．

　本書のもう1つのポイントは，プレゼンテーションするときの態度それ自体を問題にしていることです．生命科学分野におけるプレゼンテーションはほとんどの場合，「私は何々を発見した」ということを伝えるためのものです．そのメッセージをどのように効果的に伝えるか，どのように印象

的なものにするかのヒントをお伝えしようとしています．

　本書は基本的に生命科学系研究者のビギナーを主な対象としていますが，実はベテランの方にも役立つヒントが多数用意されています．昔の35mmスライドからいつどうやって乗り換えようか迷っている方に，ぜひ読んでみていただければ幸いです．ベテランの方々はお忙しいですからPowerPointのマニュアル本など読んでいる暇は全くありません．このような方のために画像のデータアイテムをどのようにPowerPoint上で扱うべきかについて，そのコツをわかりやすく伝えようとしたつもりです（第2章をご参照ください）．

　ところで，私の尊敬する神戸のN先生は，筆者がN先生の使われたPowerPointファイルを拝借したいと申し出た際に「ポストモダン問題の解は，自発的なプライバシー拒否だと思っていますから，自由にお使いください．」と述べられました．実は筆者がN先生からいただいたファイルはN先生ご自身がすべて作成されたものではないかもしれません．現代ではさまざまな情報が溢れていて，さらにそれを複数の人々の間で共有することが必要な場合，有利な場合が多々あります．筆者はクレジットの問題は重要だと思いますが，ホームページなど，いったんウェブ上に流れた情報に関して，厳密なクレジットを主張することには実際上無理な面があります．個人名でサーチすればおびただしい数の情報がヒットされ，もはやプライバシーを云々できる状態ではありません．わたしたちは好むと好まざるとにかかわらず，膨大な情報を共有し合う社会に生きているのです．しかし，だからこそ著作者に対して敬意を払いルールとエチケットを守ることを忘れてはいけないと思います．

　筆者自身が班会議やセミナーでプレゼンテーションを行う場合に，大学院生の最新のデータをPowerPointファイルとして拝借し，加工します．授業では他の研究者の最新データを学生にぜひみせたいと思うことが多々あるので，そのような場合にはやはりその先生にお願いしてPowerPointファ

イルを頂戴します．教官同士がプレゼンテーションアイテムを共有することによって，授業の準備の負担がとても軽減されるのです．このような場合に，画質がそこそこあって，しかも軽いファイルであれば，皆にとって大変使いやすいものになります．クレジットを明確にしつつ，よいプレゼンテーションができることが望ましいといえるでしょう．

　生命科学分野でのプレゼンテーションの機会は非常に増えています．本書が少しでも読者のこれからのプレゼンテーションの役に立つことを祈っています．最後に，本書に用いたスライドの原稿については，筆者の研究室の大学院生やスタッフのものを一部借用しました．この場を借りて御礼申し上げます．また，連載の頃からお付き合いくださって，素晴らしい本にまとめ上げてくださいました羊土社実験医学編集部の中川由香様，石田洋子様他の皆様には大変お世話になり，誠にありがとうございました．

2004年2月

少しずつ春めいてきた陽射しが嬉しい仙台にて
著者記す

INDEX

和文

あ行

アイ・コンタクト 51, 55, 62, 86, 93, 96
アダプタ 61
圧縮ファイル 103
暗色 46

イメージトレーニング 56, 98

英語のピッチ 100
液晶プロジェクタ 15, 16, 61, 70

オートシェイプ 29
オーバーヘッドプロジェクター 14
落ち着いて発表する 53
オブジェクト 25, 42
重たいファイル 109

か行

階層性 79
外部ディスプレイ装置 61
書き言葉と話し言葉 52
拡張子 31, 82

箇条書きテキスト 25, 27
仮説 65
画像を統合 31
簡潔に答える 59
感謝の言葉 92
寒色 46

キーセンテンス 67
基本図形 29
恐怖の無言時間 59

癖 55, 56
クレジット 38, 39, 79, 103
ケーブル 61

結果 23, 65, 69
結論 23
研究発表会 11
謙虚である 54

講演 62
考察 66
口頭発表 10
声 vocal 50
互換性 81, 82
言葉 verbal 50
コネクタ 90, 98

120　バイオ研究で絶対役立つ　プレゼンテーションの基本

コンピュータプレゼンテーション 17

さ行

再起動 61
材料・方法 65, 68

視覚的 84
色相 47
仕事ゼミ 11
質疑応答 58
質問対策 71
謝辞 23, 86, 88
終了オプション 62
出力媒体 14
ジョブセミナー 104
ジョブトーク 104

図 31
図形の調整 30
図形描画 26
スライド 23, 24
スライドショー 62, 81
スライドショーの終了 62
スライド一覧表示 40
スライドプロジェクタ 15, 16
スライドマスター 45
スリープをしない 62
スリム化 109

正確に理解する 58
線の色 32
専門用語 105

挿入 31

た行

ダイアモンド型（の構成）
　　　........................... 22, 67, 71, 80
タイトルのみ 25
大容量外部記憶デバイス 81
他人の前 56
暖色 46

聴衆 12, 62
聴衆の数 12
聴衆の種類 12
聴衆のバックグラウンド 91
聴衆をみて話す 51

ツールバー 27

ティーチングアシスタント（TA）.. 101
データアイテム 73
データ整理 74
テキスト 42
テキストボックス 26
適切な言葉を選ぶ 52

適切なスライドの枚数 47	ファイルから挿入 31
デジタルプレゼンテーション 61	フォーマル 12
	フォント 28
統一感 45	フラッシュメモリ 81
トリミング 32	プレースホルダ 26
	プレゼンテーションアイテム 12, 56
な 行	プレゼンテーションファイル 16
ノートパソコン 61, 90, 92	プログレス発表 10, 11, 73
は 行	ポインター 53
	ポスター発表 10
背景 23, 65, 68, 91	ホワイトボード 18
背景色 46	本番に近いスタイル 56
配置/整列 30	
白紙 25	**ま** 行
バックアップ 105	
バックアップファイル 17	ミーティング 11
発表原稿 53, 100	みた目 visual 50
発表時間 12, 77	ミラーリング 61
発表時間が短いほど練習 57	
早めに準備する 56	明色 46
ハンドアウト 14, 67, 86, 101	メモリスティック 81, 90
	メモを残そう 60
ビジュアル（化） 27, 44, 79	目的 23, 65
批判精神 71	文字のスタイル 28
批判的に読む 65	
表紙 23	

ら行

ラップトップ型コンピュータ
　................................ 61, 90, 92, 98

リハーサル 55, 56, 62, 92, 105
リハーサル機能 107

レイヤー 31
レイヤーパレット 31

論文紹介 10, 64
論文発表 19

わ行

ワークショップ 10

欧文

.jpg 31
CD-ROM 81, 90, 92, 98
Excel 36
Illustrator 34
JPEG 103
OHP 14
OHPシート 14, 69
Photoshop 31
PowerPoint 16, 22
USB対応のメモリスティック 92, 98
What/How question 58
Yes/No question 58

著者プロフィール

大隅 典子（Noriko Osumi）

東北大学大学院医学系研究科・創生応用医学研究センター教授．東京医科歯科大学歯学部卒業，同大学院博士課程修了，同助手を務めたのちに，国立精神神経センター神経研究所室長を経て，1998年より現職．発生生物学，神経発生学が専門．特に脳のパターン化や神経新生の研究を行っている．著書として『神経堤細胞』（倉谷 滋・大隅典子共著，UP バイオロジー，東大出版会），『エッセンシャル発生生物学』（Jonathan Slack 著，大隅典子訳，羊土社），『ポストゲノム時代の免疫染色・in situ ハイブリダイゼーション』（野地澄晴編，羊土社）などがある．

研究室ホームページ：http://www.med.tohoku.ac.jp/~dev_neurobio/index.html

---

バイオ研究で絶対役立つ
プレゼンテーションの基本

2004年 4月15日　第1刷発行
2008年 5月30日　第3刷発行

著　者		大隅 典子（おおすみ のりこ）
発行人		一戸 裕子
発行所		株式会社 羊　土　社
		〒 101-0052
		東京都千代田区神田小川町 2-5-1
		TEL：03（5282）1211
		FAX：03（5282）1212
		E-mail：eigyo@yodosha.co.jp
		URL：http://www.yodosha.co.jp/
装　幀		関原 直子
イラスト/オブジェ		半田 繁幸
印刷所		東京書籍印刷 株式会社

©Noriko Osumi, 2004. Printed in Japan
ISBN978-4-89706-879-4

本書の複写権・複製権・転載権・翻訳権・データベースへの取り込みおよび送信（送信可能化権を含む）・上映権・譲渡権は，（株）羊土社が保有します．

JCLS ＜（株）日本著作出版管理システム委託出版物＞ 本書の無断複写は著作権法上での例外を除き禁じられています．複写される場合は，そのつど事前に（株）日本著作出版管理システム（TEL 03-3817-5670，FAX 03-3815-8199）の許諾を得てください．

memo

日本語でも英語でも活躍の場を広げよう！

CDを聞いて国際学会での英語リスニング力UP！

国際学会のための科学英語絶対リスニング
ライブ英語と基本フレーズで英語耳をつくる！

山本　雅／監修　田中顕生／著
Robert F. Whittier／著・英文監修

国際学会の前にCDで英語耳が鍛えられる初の実践本！基本単語・フレーズ集・発表例・ライブ講演の4Step構成で効果的なリスニング力UPをサポートします．ノーベル賞受賞者の生の講演も収録！

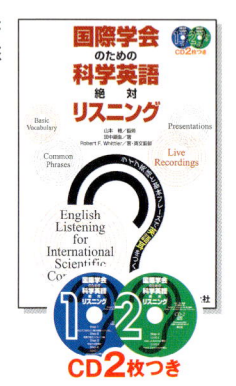

- 定価（本体 4,600円＋税）
- B5判　182頁　ISBN978-4-89706-487-1

困難な英語表現をマスターする！

困った状況も切り抜ける 医師・科学者の英会話
国際学会や海外ラボでの会話術と苦情，断り，抗議など厄介な対人関係に対処する表現法

著者／Ann M. Körner　訳・編／瀬野悍二

オーディオCD付き

必ずマスターしておきたい重要フレーズを国際学会や海外ラボなどのシチュエーション別に解説…

さらに日本人がとくに苦手な断り・抗議などの"言いにくいこと"を，丁寧かつ効果的に相手に伝える会話術を伝授！

- 定価（本体 3,600円＋税）
- B5変型判　148頁　ISBN978-4-7581-0834-8

羊土社の大ベストセラー英会話書籍

医学・生物学研究者のための 絶対話せる英会話
研究室内の日常会話から国際学会発表まで

著者／東原 和成
ナレーター／Jennifer Ito

- 定価（本体 3,950円＋税）
- A5判　238頁
- ISBN978-4-89706-629-5

CD-ROM付き　MAC & WIN対応

★ バイオサイエンス用語の正しい発音からグラフの説明のしかたまでノウハウがいっぱい
★ 研究室・セミナー・学会で困ったときのバイオサイエンス英会話集！
★ CD-ROMにはネイティブによる正確な発音や研究発表デモなど多数収録

大ベストセラー「絶対話せる英会話」の続編！

バイオサイエンス研究留学を成功させる とっさに使える英会話
- 留学先のラボ
- 国際学会で　そのまま使えるフレーズ集

著者／東原 和成
ナレーター／Jennifer Ito

- 定価（本体 3,900円＋税）
- A5判　191頁
- ISBN978-4-89706-655-4

オーディオCD付き

★ ジャンル別・シチュエーション別ですぐに見つかる対訳方式
★ あのベストセラー「絶対話せる英会話」待望の続編
★ 留学先ですぐに使えるフレーズや実験器具／研究用語を多数収録！

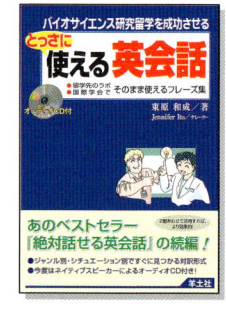

発行　羊土社　YODOSHA
〒101-0052　東京都千代田区神田小川町2-5-1　TEL 03(5282)1211　FAX 03(5282)1212
E-mail：eigyo@yodosha.co.jp
URL：http://www.yodosha.co.jp/

ご注文は最寄りの書店，または小社営業部まで

英語を鍛えて世界に羽ばたく！

めざせ！一流誌へのアクセプト！

日本人研究者が間違えやすい
英語科学論文の正しい書き方

アクセプトされるための論文の執筆から
投稿・採択までの大切な実践ポイント

著者／Ann M. Körner
訳・編／瀬野悍二

好感をもってアクセプトされるために…

20年科学論文査読をしてきた
英語圏一流研究者が贈る
英語論文の書き方決定版！
目からウロコのtips満載！

■ B5変型判　■ 150頁
■ 定価（本体 2,600円＋税）　■ ISBN978-4-89706-486-4

"好感をもたれる英語"が的確に身につく！

相手の心を動かす
英文手紙とe-mailの効果的な書き方

理系研究者のための好感を
もたれる表現の解説と例文集

手紙例文収録のCD-ROM付き
Mac & Win 対応

著／Ann M. Körner
訳・編／瀬野悍二

研究の国際交流をエレガントに進めるために…

相手に好印象を与え
微妙なニュアンスが伝わる
丁寧な英文手紙の表現を
ブラッシュアップ！

■ B5変型判　■ 198頁
■ 定価（本体 3,800円＋税）　■ ISBN978-4-89706-489-5

生命科学系ポケット辞書の決定版！！

ライフサイエンス必須英和辞典

編著／ライフサイエンス辞書プロジェクト

PubMedの90％をカバー！

生命科学の論文を読むなら
この一冊でOK！
手のひらサイズで使いやすい!!
すべての単語は和文索引からも
引けて和英辞書としても使えます

■ B6変型判　■ 413頁
■ 定価（本体 3,800円＋税）　■ ISBN978-4-89706-484-0

今度の論文は絶対アクセプトさせたい！

科学英語論文の赤ペン添削講座

はじめてでも書ける！実例で身に付く！
アクセプトされる論文を書くコツと鉄則

著者／山口雄輝
英文監修／Robert F. Whittier

多くの読者が認めた一冊！

7つのルールと9つのポイントで
論文が飛躍的に巧くなる！

他人のフリみて自分のフリ直す，
赤ペン添削で身にしみて
納得する論文の書き方

■ B5判　■ 172頁
■ 定価（本体 3,200円＋税）　■ ISBN978-4-89706-479-6

発行　**羊土社 YODOSHA**　〒101-0052　東京都千代田区神田小川町2-5-1　TEL 03(5282)1211　FAX 03(5282)1212
E-mail：eigyo@yodosha.co.jp
URL：http://www.yodosha.co.jp/

ご注文は最寄りの書店，または小社営業部まで

プレゼン力と英語力を駆使して活躍の場を広げよう！

PowerPointを駆使して学会発表に差をつけろ！

改訂第2版 PowerPointのやさしい使い方から学会発表まで
アニメーションや動画も活かした効果的なプレゼンのコツ

谷口武利／編

CD-ROM付き

大好評を博した医学・ライフサイエンス分野のプレゼン解説書が全面改訂！アニメーションや動画などを活用した、魅力的なスライドを作るためのテクニックが満載の、一味違ったプレゼンに欠かせない一冊！

- 定価（本体4,500円＋税）
- B5判
- 277頁
- ISBN978-4-7581-0810-2

ポスター発表でチャンスを見つけたい方 必読！

ポスター発表はチャンスの宝庫！
一歩進んだ発表のための計画・準備から当日のプレゼンまで

今泉美佳／著

ポスター発表のすべてをわかりやすく解説し、著者が実際に学会で見たポスターの良い例をカラー写真で掲載しました。説得力のあるポスターを製作し、効果的な発表を行うためのスキルをこの1冊で完全マスターできます！

- 定価（本体2,900円＋税）
- B5判
- 125頁
- ISBN978-4-89706-354-6

論文執筆・学会発表などに役立つ英語関連書籍

ライフサイエンス 英語表現使い分け辞典
編集／河本 健, 大武 博
監修／ライフサイエンス辞書プロジェクト

論文英語のフレーズや熟語を使いこなそう！ネイティブが執筆した約15万件の論文から得られた例文が満載で、「この動詞にはどの前置詞を使うのか？」といった、誰もが抱く論文執筆の悩みを解消する必携の一冊．

- 定価（本体6,500円＋税）
- B6判
- 1118頁
- ISBN978-4-7581-0835-5

ライフサイエンス英語 類語使い分け辞典
編集／河本 健
監修／ライフサイエンス辞書プロジェクト

日本人が判断しにくい類語の使い分けを、約15万件の英語科学論文データ（全て米英国より発表分）に基づき分析．ネイティブの使う単語・表現が詰まっています．論文から引用した生の例文も満載で、必ず役立つ一冊！

- 定価（本体4,800円＋税）
- B6判
- 510頁
- ISBN978-4-7581-0801-0

ライフサイエンス 論文作成のための英文法
編集／河本 健
監修／ライフサイエンス辞書プロジェクト

約3,000万語の論文データベースを徹底分析！論文執筆でよく使われる文法が一目でわかる．「前置詞の使い分け」など、避けては通れない重要表現も多数収録．"初めて論文を書く学生も研究者も、これだけは押さえておきたい一冊！

- 定価（本体3,800円＋税）
- B6判
- 294頁
- ISBN978-4-7581-0836-2

発行 **羊土社 YODOSHA**
〒101-0052 東京都千代田区神田小川町2-5-1　TEL 03(5282)1211　FAX 03(5282)1212
E-mail: eigyo@yodosha.co.jp
URL: http://www.yodosha.co.jp/

ご注文は最寄りの書店、または小社営業部まで